全国中等职业教育水利类专业规划教材

水工钢筋工程施工技术

主　编　黄廷春
副主编　杨力扬　贺　美

中国水利水电出版社
www.waterpub.com.cn

内 容 提 要

本书是根据 2009 年 7 月审定的"水工钢筋工程施工技术教学大纲"编写的。全书内容包括：绪论，钢筋现场检查验收与管理，钢筋配料与代换，钢筋加工工艺，钢筋连接，钢筋绑扎与安装，钢筋施工班组管理。

本书可作为水利水电工程技术专业的配套教材，也可供其他相关专业人员学习参考。

图书在版编目（ＣＩＰ）数据

水工钢筋工程施工技术 / 黄廷春主编. -- 北京：
中国水利水电出版社，2010.1(2024.8重印).
全国中等职业教育水利类专业规划教材
ISBN 978-7-5084-7172-3

Ⅰ．①水… Ⅱ．①黄… Ⅲ．①水工结构－钢筋－工程
施工－专业学校－教材 Ⅳ．①TV332

中国版本图书馆CIP数据核字(2010)第014255号

书　　名	全国中等职业教育水利类专业规划教材 **水工钢筋工程施工技术**
作　　者	主编 黄廷春　副主编 杨力扬 贺美
出版发行	中国水利水电出版社 （北京市海淀区玉渊潭南路 1 号 D 座　100038） 网址：www.waterpub.com.cn E - mail：sales@mwr.gov.cn 电话：(010) 68545888（营销中心）
经　　售	北京科水图书销售有限公司 电话：(010) 68545874、63202643 全国各地新华书店和相关出版物销售网点
排　　版	中国水利水电出版社微机排版中心
印　　刷	北京印匠彩色印刷有限公司
规　　格	184mm×260mm　16 开本　7.25 印张　172 千字
版　　次	2010 年 1 月第 1 版　2024 年 8 月第 4 次印刷
印　　数	8001—9000 册
定　　价	**29.50 元**

凡购买我社图书，如有缺页、倒页、脱页的，本社营销中心负责调换

前　言

　　教材事关国家和民族的前途命运，教材建设必须坚持正确的政治方向和价值导向。本书坚持党的二十大精神，全面贯彻党的教育方针，落实立德树人根本任务，为党育人，为国育才，弘扬劳动光荣、技能宝贵、创造伟大的时代风尚。

　　本书是根据教育部《关于进一步深化中等职业教育教学改革的若干意见》（教职成〔2008〕8号）及全国水利中等职业教育研究会2009年7月于郑州组织的中等职业教育水利水电工程技术专业教材编写会议精神组织编写的，是全国水利中等职业教育新一轮教学改革规划教材，适用于中等职业学校水利水电类专业教学。

　　本书在编写中，注意贯彻职业教育改革的精神，密切联系水利水电工程施工的实际，既介绍了钢筋工程的主要操作工艺过程和要求，又介绍了相应工艺的实践实训内容，以帮助学习者尽快提高实践操作技能。

　　本书由四川省绵阳水利电力学校黄廷春任主编，甘肃省水利电力学校杨力扬、贺美任副主编，河南省郑州水利学校张英杰、宁夏水利电力学校崔卫琴等参编。绪论由黄廷春编写；第一章为钢筋现场检查验收与管理，由黄廷春编写；第二章为钢筋配料与代换，由张英杰编写；第三章为钢筋加工工艺，由杨力扬编写；第四章为钢筋连接，由崔卫琴编写；第五章为钢筋绑扎与安装，第六章为钢筋施工班组管理，由黄廷春编写。

　　由于编者水平有限，时间仓促，书中难免存在缺点和错误，恳请广大读者批评指正。

编　者

2024 年 7 月

目录

绪　论

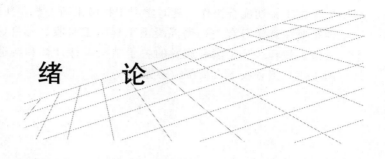

一、课程的性质

水工钢筋工程施工技术课程是中等职业教育水利类专业学生必修的一门理论与实践相结合的应用型专业课。目前，在工业与民用建筑工程及水利水电工程中，钢筋混凝土结构的使用十分广泛，尤其在水利工程中，钢筋工程规模大、用量多、施工技术要求高。钢筋是钢筋混凝土结构中的隐蔽工程，施工工艺过程包括调直去锈、下料、剪切、弯曲、绑扎安装等，每一工艺过程既紧密联系又相互影响，任何一道工艺过程处理不当都会影响钢筋混凝土工程的最终质量。因而，钢筋工程的施工是结构施工中极为重要的一环。其钢筋本身质量及加工、制作、安装质量的好坏直接影响到结构的承载能力和耐久性，甚至直接关系到建筑物的使用安全。所以，从事钢筋工程施工的各类人员，除应全面掌握钢筋施工工艺的基本知识外，还应在实践中不断总结，提高钢筋加工、绑扎、焊接及安装的操作技术水平，严格按照钢筋施工工艺流程和要求去控制好每一个环节，认真做好每一道工序的施工工作，才能确保钢筋工程施工质量。

二、任务与内容

本课程的任务是：通过学习，使学生具备水工钢筋工程施工的基本知识和钢筋施工工艺过程的基本技能，能够根据工程条件组织实施钢筋工程施工生产活动。

本课程的基本内容包括：绪论，钢筋现场检查验收与管理，钢筋配料与代换，钢筋加工工艺，钢筋连接，钢筋绑扎与安装，钢筋施工班组管理等。

三、课程的特点及学习方法和要求

水工钢筋工程施工与一般工业民用建筑、市政工程等钢筋工程施工有许多相同之处，但由于施工条件及工程结构所处的环境不同，多为水下结构，且水工建筑结构形体较为庞大，因此水工钢结构施工具有独特的实践性，综合性，需与模板工程、混凝土工程紧密配合协作，以及难度大和不连续性等特点，因此，本课程具有很强的实践性和广泛的综合性。

在本课程学习时应注意以下几个方面：

一是要理论联系实际。本课程的理论本身就来源于生产实践。它是前人大量工程实践的理论总结，要求通过基本方法的各项加工工艺过程的学习，总结所学知识，循序渐进，配合钢筋工实训实习强化动手能力的训练，将技术工艺知识转化为工艺技能。

二是要注意与建筑材料课联系。加强对各种钢材的分类、机械力学性能及加工性能、质量标准、检验方法、评定标准的学习掌握，充分理解。要保证钢筋工程质量，必须首先保证钢筋本身的质量品质符合设计要求。

三是要注意了解整个工程的施工方案、施工方法。钢筋工程施工必须与模板工程、混凝土工程施工密切配合协作，随时学习工程施工新工艺、新标准、新技术。

四是要注意学习有关钢筋混凝土工程施工验收、标准、规范、规程，及结构设计标准、规范、规程。凡是国家颁发的关于结构设计计算和构造要求的技术规定和标准、设计、施工等，工程技术人员都应遵循。

第一章 钢筋现场检查验收与管理

第一节 钢筋的分类、识别与外观检查

一、钢筋的分类

（1）按生产工艺分为：热轧钢筋、热处理钢筋、冷加工钢筋、碳素钢丝、刻痕钢丝及钢绞线。

（2）按化学成分分为：碳素钢钢筋和普通低合金钢钢筋。

（3）按外形分为：光面钢筋、变形钢筋（螺纹、人字纹、月牙纹）、钢丝和钢绞线。

（4）按强度分为：Ⅰ级、Ⅱ级、Ⅲ级、Ⅳ级、Ⅴ级钢筋。钢筋混凝土结构用热轧钢筋，除Ⅰ级钢筋为3号钢、Ⅴ级为热处理钢筋外，其余全是普通低合金钢。

（5）按直径分为：钢丝（3～5mm）、细钢筋（6～10mm）、中粗钢筋（12～20mm）、粗钢筋（大于20mm）。

（6）按供应形式分为：盘圆或盘条钢筋（直径6～9mm，每盘钢筋应由整条钢筋盘成）和直条钢筋（直径10～40mm，通常长度为6～12m）。

（7）按钢筋在结构中的作用分为：受力钢筋（包括受拉钢筋、受压钢筋和弯起钢筋等）、构造钢筋（包括分布钢筋、架立钢筋和箍筋等）。

二、钢筋的识别

各类钢筋的常用符号及各级钢筋的外形比较，分别见表1-1和表1-2。

表1-1 　　　　　　　　　　　　 钢筋的常见符号

钢筋种类	符号	钢筋种类	符号	钢筋种类	符号
Ⅰ级钢筋	ϕ	冷拉Ⅰ级钢筋	ϕ^l	冷拔低碳钢丝	ϕ^b
Ⅱ级钢筋	Φ	冷拉Ⅱ级钢筋	Φ^l	碳素钢丝	ϕ^s
Ⅲ级钢筋	Φ	冷拉Ⅲ级钢筋	Φ^l	刻痕钢丝	ϕ^k
Ⅳ级钢筋	Φ	冷拉Ⅳ级钢筋	Φ^l	钢绞线	ϕ^j
Ⅴ级钢筋	Φ	热处理钢筋	Φ^t		

三、钢筋的外观检查

钢筋的外观必须进行检查，如表面不得有裂纹、结疤、折叠、分层、夹杂、油污，并不得有超过横肋高度的凸块，钢筋外形尺寸应符合有关规定。钢筋外观检查每捆（盘）均应进行，外观检查合格后，才能按规定抽取试样作机械性能试验。

表 1 - 2　　　　　　　　　　**各 级 钢 筋 外 形 比 较**

钢筋级别	代号（牌号）	符号	直径（mm）	钢筋外形	涂色标记
Ⅰ	A3、AY3	Φ	6～40	光圆	红
Ⅱ	20MnSi 20MnNbb	⊉	8～25 28～50	螺纹	—
Ⅲ	25 MnSi	⊉	8～40	螺纹	白
Ⅳ	40Si2MnV 45SiMnV 45Si2MnTi	⊉	10～25 28～32	光圆 或螺纹	黄
Ⅴ	35Si2MnV 35SiMnV 35Si2MnTi		10～28	螺纹 （只用于预应力构件）	蓝

第二节　钢筋的检验与管理

一、钢筋的采购和进场验收

（1）钢筋采购时，混凝土结构所采用的热轧钢筋、热处理钢筋、碳素钢丝、刻痕钢丝和钢绞线的质量，应分别符合现行国家标准的规定。

（2）钢筋从钢厂发出时，应具有出厂质量证明书或实验报告单，每捆（盘）钢筋均应有标牌。一般不少于两个标牌，标牌上应有供方厂标、钢号炉罐（批）等印记。

（3）钢筋在运输和储存时必须保留标牌，严格防止混料，并按批分别堆放整齐，无论在检验前或检验后，都要避免锈蚀和污染。

（4）钢筋运至加工或施工现场时，应按炉罐（批）号及直径分批验收。验收内容包括查对标牌外观检查（如钢筋表面不得有裂缝、结疤和折叠；钢筋表面允许有凸块，但不得超过螺纹筋的高度；钢筋外形尺寸应符合国家标准的规定），并按规定截取试件做机械性能试验，合格后方可使用。

（5）热轧钢筋机械性能实验。在每批钢筋（不大于60t）中任意抽出2根试样钢筋，一根试件做拉力试验（测定屈服点、抗拉强度、伸长率），另一根试件做冷弯试验。4个指标中如有1个实验项目结果不符合该钢筋的机械性能规定的数值，则另取双倍数量的试件对不合格的项目做第二次试验，如仍有1根试件不合格，则该批钢筋为不合格产品。

（6）热处理钢筋机械性能实验。钢筋进场时应分批验收，分批重量与同批标准参照热轧钢筋办理。从每批钢筋中选取10％的盘数（不少于25盘）进行拉力试验。试验结果如有1项不合格时，该不合格盘报废。再从未试验过的钢筋中取双倍数量的试件进行复验，如仍有1项不合格，则该批钢筋不合格。

（7）如对钢筋质量有疑问，除做机械性能检验外，还应进行化学成分分析。

（8）钢筋在加工使用过程中，如发生脆断、焊接性能不良或机械性能异常，应进行化学成分检验或其他专项检验。

（9）对国外进口钢筋，应特别注意机械性能和化学成分的分析。

二、其他要求

（1）当钢筋在加工过程中发生脆断、焊接性能不良或力学性能显著不正常等现象时，应按现行国家标准对该批钢筋进行化学成分检验、冲击韧性等专项检验。

（2）进口钢筋需要焊接时，还要进行化学成分检验。

（3）对于有抗震要求的框架结构纵向受力钢筋，所检验的强度实测值应符合下列要求：①钢筋的抗拉强度实测值与屈服强度实测值的比值不应小于1.25；②钢筋的屈服强度实测值与钢筋的强度标准值的比值，当按一级抗震设计时，不应大于1.25；当按二级抗震设计时，不应大于1.4。

三、钢筋的保管

钢筋运到施工现场后，必须妥善保管，否则会影响施工或工程质量，造成不必要的浪费。因此，在钢筋堆放、保管工作中，一般应做好以下工作：

（1）应有专人认真验收入库钢筋，不但要注意数量的验收，而且对进库的钢筋规格、等级、牌号也要进行认真的验收。

（2）入库钢筋应尽量堆放在料棚或仓库内，并应按库内制定的堆放区分品种、规格、等级堆放。

（3）每垛钢筋应立标签，每捆（盘）钢筋上应扎有标牌。标签和标牌应写有钢筋的品种、等级、直径、技术证书编号及数量等。钢筋保管要做到账、物、牌（单）三相符，凡库存钢筋均应附有出厂证明书或实验报告单。

（4）如条件不具备，可选择地势较高、土质坚实、较为平坦的露天场地堆放，并应在钢筋垛下用木方垫起或将钢筋堆放在堆放架上。

（5）堆放场地应注意防水和通风，钢筋不应和酸、盐、油等物品一起存放，以防腐蚀或污染钢筋。

（6）钢筋的库存量应和钢筋加工能力相适应，周转期应尽量缩短，避免存放期过长，使钢筋发生锈蚀。

习　　题

1. 钢筋按在结构中的作用分为哪些种类？

2. 钢筋进场时应验收哪些质量技术资料？

3. 钢筋的外观检查应包括哪些内容？

4. 为什么要严格执行钢筋进场验收制度？

5. 钢筋的堆放与保管应注意哪些问题？

第二章 钢筋配料与代换

第一节 钢筋配料计算

钢筋配料是根据构件的配筋图计算构件各钢筋的直线下料长度、根数及重量，然后编制钢筋的配料单，作为钢筋备料加工的依据。

一、钢筋下料长度计算

在一般的构件配筋图中注明的尺寸都是钢筋外轮廓尺寸，即从钢筋外皮到外皮量得的尺寸，称为外包尺寸。钢筋加工时，一般按外包尺寸进行验收。钢筋加工前直线下料，如果下料长度按钢筋外包尺寸的总和来计算，则加工后的钢筋尺寸将大于设计要求的外包尺寸，或者由于弯钩平直段太长而造成钢筋的浪费。这是由于钢筋弯曲时外皮伸长，内皮缩短，只有中轴线长度不变。所以说，按外包尺寸总和下料是不准确的，只有按钢筋轴线长度尺寸下料加工，才能使加工后的钢筋形状、尺寸符合设计要求。

（一）基本计算公式

几种常用钢筋下料长度的基本计算公式如下：

直钢筋下料长度＝构件长度－保护层厚度＋弯钩增加长度

弯起钢筋下料长度＝直段长度＋斜段长度－弯曲调整值＋弯钩增加长度

箍筋下料长度＝箍筋周长＋箍筋调整值

或

箍筋下料长度＝箍筋周长－弯曲调整值＋弯钩增加长度

（二）钢筋弯钩增加长度的确定

钢筋的弯钩有半圆弯钩（180°弯钩）、直弯钩（90°弯钩）及斜弯钩（135°弯钩）等 3 种形式，如图 2-1 所示。

各弯钩增加长度 l_z 的计算公式为

半圆弯钩 $\qquad l_z = 1.071D + 0.571d + l_p \qquad (2-1)$

直弯钩 $\qquad l_z = 0.285D - 0.215d + l_p \qquad (2-2)$

斜弯钩 $\qquad l_z = 0.678D + 0.178d + l_p \qquad (2-3)$

式中　D——弯钩的内直径（亦称弯曲直径或弯心直径），mm，对 HPB235 级钢筋取 2.5d，HRB335 级钢筋取 4d，HRB400 级、RRB400 级钢筋取 5d；

　　　d——钢筋直径，mm；

　　　l_p——弯钩的平直部分长度，mm。

光圆钢筋末端应做半圆弯钩。当用人工弯钩时，为保证180°弯曲，可带有适当长度的平直部分；用机械弯钩时，可省去平直部分。一般斜弯钩仅用在ϕ12mm以下的受拉主筋和箍筋中；直弯钩只用于板中小规格钢筋、柱钢筋的下部及支座中的构造钢筋。

在生产实践中，由于实际弯曲直径与理论弯曲直径有时不一致，钢筋粗细和机具条件不同等会影响平直部分的长短（手工弯钩时平直部分可适当加长，机械弯钩时可适当缩短），因此在实际配料计算时，对弯钩增加长度常根据具体条件，采用经验数据。

对采用HPB235级钢筋（光圆钢筋），按弯曲直径$D=2.5d$，平直部分长度$l_p=3d$考虑，半圆弯钩增加长度为6.25d（手工弯钩）或5d（机械弯钩）；直弯钩按$l_p=5d$考虑，其弯钩增加长度为5.5d；斜弯钩按$l_p=10d$考虑，其弯钩增加长度为12d。

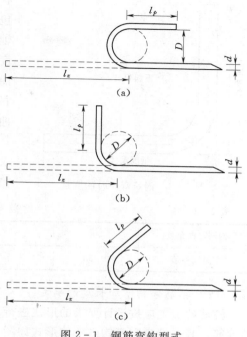

图2-1　钢筋弯钩型式

(a) 半圆（180°）弯钩；(b) 直（90°）弯钩；
(c) 斜（135°）弯钩

（三）弯起钢筋斜长的确定

钢筋混凝土构件中，弯起钢筋的弯起角度一般为30°、45°和60°，弯起角度大小由设计确定，弯起钢筋形式如图2-2所示。弯起钢筋的斜长部分可由直角三角形三条边长之间的固定关系来计算，弯起钢筋的斜长系数见表2-1。

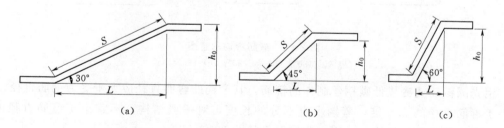

图2-2　弯起钢筋形式

(a) 弯起角度30°；(b) 弯起角度45°；(c) 弯起角度60°

表2-1　　　　　　　　　　弯 起 钢 筋 斜 长 系 数

钢筋弯起角度	30°	45°	60°
斜边长 S	$2h_0$	$1.414h_0$	$1.15h_0$
底边长 L	$1.732h_0$	h_0	$0.575h_0$

（四）钢筋弯曲调整值的确定

钢筋弯曲后，在弯曲处内皮缩短，外皮伸长，钢筋轴线长度不变，弯曲处成圆弧

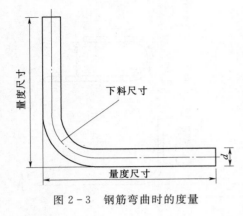

图 2-3   钢筋弯曲时的度量

状。一般钢筋成型后量度尺寸都是沿直线量外包尺寸，如图 2-3 所示，而钢筋加工前都是按轴线长度直线下料的，因此，弯曲后钢筋的量度尺寸大于下料尺寸，两者之间的差值称为弯曲调整值（或称弯曲量度差）。即在下料时，下料长度应等于量度尺寸（即外包尺寸）减去弯曲调整值。

钢筋的弯曲调整值与钢筋直径、弯曲角度有关，表 2-2 根据施工实践列出常用的钢筋弯曲调整值供配料计算时参考。

表 2-2   钢 筋 弯 曲 调 整 值

钢筋弯曲角度	30°	45°	60°	90°	135°
弯曲调整值	$0.35d$	$0.5d$	$0.85d$	$2d$	$2.5d$

（五）箍筋弯钩增加长度的确定

箍筋的加工应按设计要求的形式进行，当设计没有具体要求时，可使用光圆钢筋制成的箍筋，其末端应有弯钩，弯钩形式如图 2-4 所示。

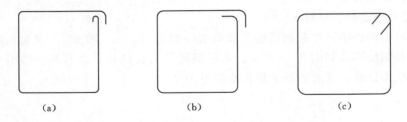

(a)   (b)   (c)

图 2-4   箍筋弯钩示意图
(a) 90°/180°；(b) 90°/90°；(c) 135°/135°

用光圆钢筋或冷拔低碳钢丝制作的箍筋，其弯钩的弯曲直径应大于受力钢筋直径，且不小于箍筋直径的 2.5 倍；弯钩平直部分的长度，对一般结构，不宜小于箍筋直径的 5 倍，对有抗震要求的结构，应不小于箍筋直径的 10 倍。

对有抗震要求和受扭的结构，可按图 2-4 (c) 的弯钩形式加工；对大型梁、柱，当箍筋直径不小于 12mm 时，弯钩也宜做成图 2-4 (c) 的形状。

常用规格箍筋弯钩增加长度（两个弯钩的）可参考以下方法取值：

(1) 一般结构：弯钩形式为 "90°/90°" 时，取 $15d$（d 为箍筋直径，下同）；弯钩形式为 "90°/180°" 时，取 $17d$。

(2) 抗震结构：弯钩形式为 "135°/135°"，取 $28d$。

关于 "箍筋调整值"，有时为了更简便地计算箍筋的下料长度，就将箍筋弯钩增加长度和箍筋弯曲调整值两项合并为一项，即 "箍筋调整值"，见表 2-3，计算时将箍筋外皮尺寸（或内皮尺寸）加上箍筋调整值即为箍筋下料长度。

表 2-3

箍 筋 调 整 值

受力钢筋直径 （mm）	箍筋量度方法	箍筋直径（mm）				
		5	6	8	10	12
10～25	量外皮尺寸	50	60	70	80	90
	量内皮尺寸	100	120	140	160	180
28～32	量外皮尺寸		80	90	100	110
	量内皮尺寸		160	180	200	220

二、特殊形状钢筋下料长度计算

（一）变截面构件箍筋下料计算

变截面构件常见于悬挑梁或外伸梁的外伸部分，如图 2-5 所示，根据比例原理，每个箍筋的长短差 Δ 可按式（2-4）计算。

$$\Delta = \frac{h_d - h_c}{n - 1} \qquad (2-4)$$

式中　Δ——每根箍筋的长短差（箍筋高差），mm；

h_d——箍筋的最大高度，mm；

h_c——箍筋的最小高度，mm；

n——箍筋的个数，$n = s/a + 1$；

s——最高箍筋与最低箍筋之间的总距离，mm；

a——箍筋的间距，mm。

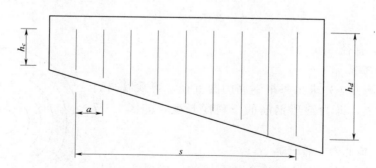

图 2-5　变截面构件箍筋下料长度计算简图

将每个箍筋的外皮周长（或内皮周长）算出，再加上箍筋调整值，就是其下料长度了。

（二）圆形构件钢筋的下料计算

圆形构件中的配筋方式有按弦长布置和按圆周布置两种。

1. 按弦长布置

先根据式（2-5）～式（2-7）算出钢筋所在处的弦长，再减去两端保护层厚度，即得钢筋下料长度，如图 2-6 所示。

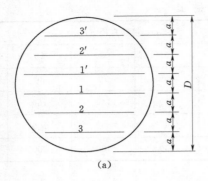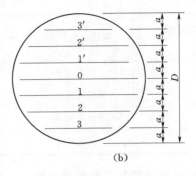

图 2-6　按弦长布置钢筋下料长度计算简图

(a) 按弦长单数间距布置；(b) 按弦长双数间距布置

当配筋间距为单数时

$$l_i = a \sqrt{(n+1)^2 - (2i-1)^2} \qquad (2-5)$$

式中　l_i——第 i 根（从圆心向两边数）钢筋所在的弦长，mm；

　　　i——序列号；

　　　n——钢筋根数；

　　　a——钢筋间距，mm。

当钢筋间距为双数时

$$l_i = a \sqrt{(n+1)^2 - (2i)^2} \qquad (2-6)$$

其中

$$n = \frac{D}{a} - 1 \qquad (2-7)$$

式中　D——圆直径，mm。

2. 按圆周布置

一般按比例方法先求出每根钢筋的圆直径，再乘以圆周率所得的圆周长，即为圆形钢筋的下料净长度，如图 2-7 所示。

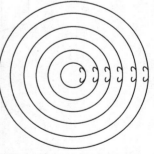

图 2-7　按圆周布置
下料长度的计算

(三) 四肢箍筋的下料计算

四肢箍筋是由两个双肢箍筋合并而成的，如图 2-8 所示。其下料计算的关键是先要计算出每个双肢箍筋的宽度。其单个双肢箍筋的宽度与所在主筋的根数有关，根据经验可得计算式：

单个双肢箍筋的宽度＝[(单个双肢箍筋所跨的主筋根数－1)×总宽度]/(主筋根数－1)＋10

$$(2-8)$$

单肢箍筋的宽度计算出来后，箍筋的下料长度就可以计算出来了。

如图 2-8 所示，箍筋φ10，主筋 4 Φ 20，总宽度 450mm（外皮尺寸），求单肢箍筋的宽度。

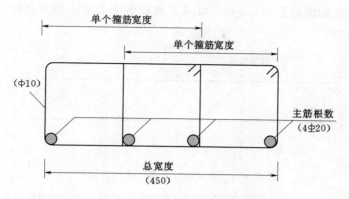

图 2-8 四肢箍筋的下料计算（单位：mm）

$$单肢箍筋的宽度 = \frac{(3-1) \times 450}{4-1} + 10 = 310 \text{（mm）}$$

（四）吊环钢筋的下料计算

吊环钢筋用于预制构件的起吊，如图 2-9 所示，其下料长度计算式为

$$吊环钢筋下料长度 = \frac{(D+d) \times 3.14}{2} + 2(L+a) + 弯钩增加长度 - 4d \quad (2-9)$$

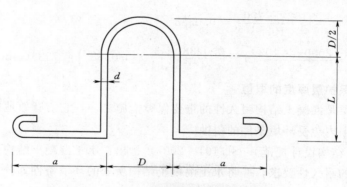

图 2-9 吊环钢筋的下料计算

（五）螺旋箍筋的下料计算

在圆柱形构件中，螺旋箍筋沿圆周表面缠绕如图 2-10 所示，则每米钢筋骨架长的螺旋箍筋长度可按式（2-10）计算。

$$L = \frac{2000\pi a}{p} \left[1 - \frac{e^2}{4} - \frac{3}{64}(e^2)^2 \right] \quad (2-10)$$

其中

$$a = \frac{\sqrt{p^2 + 4D^2}}{4}$$

$$e^2 = \frac{4a^2 - D^2}{4a^2}$$

式中　π——圆周率，取 3.1416；

　　　p——螺距，mm；

D——螺旋线的缠绕直径，mm，可采用箍筋的中心距，即主筋外皮距离加上箍筋的直径。

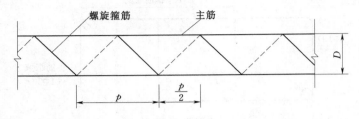

图 2-10 螺旋箍筋下料长度计算简图

如图 2-10 所示，若该钢筋骨架沿直径方向的主筋外皮距离为 190mm，螺旋箍筋的直径为 10mm，螺距为 80mm，则每米钢筋骨架长的螺旋箍筋的长度计算如下

$$D = 190 + 10 = 200 \text{(mm)}$$

$$p = 80 \text{mm}$$

由式 (2-10)

$$a = \frac{\sqrt{80^2 + 4 \times 200^2}}{4} = 102 \text{(mm)}$$

$$e^2 = \frac{4 \times 102^2 - 200^2}{4 \times 102^2} = 0.0388$$

$$L = \frac{2000\pi \times 102}{80}\left(1 - \frac{0.0388}{4} - \frac{3}{64} \times 0.0388^2\right) = 7933 \text{(mm)}$$

三、混凝土保护层厚度的取值

混凝土保护层是混凝土结构耐久性的重要保障措施之一，它能有效地保护构件中的钢筋在设计使用期限内免受环境条件的侵蚀。

《水工混凝土结构设计规范》（SL 191—2008）指出：水工混凝土结构应根据所处的环境条件满足相应的耐久性要求，并将水工混凝土结构所处的环境条件划分为五个类别，见表 2-4。

表 2-4 水工混凝土结构所处的环境类别

环境类别	环 境 条 件
一	室内正常环境
二	室内潮湿环境；露天环境；长期处于水下或地下的环境
三	淡水水位变化区；有轻度化学侵蚀性地下水的地下环境；海水水下区
四	海上大气区；轻度盐雾作用区；海水水位变化区；中度化学侵蚀性环境
五	使用除冰盐的环境；海水浪溅区；重度盐雾作用区；严重化学侵蚀性环境

注 1. 海上大气区与浪溅区的分界线为设计最高水位加 1.5m；浪溅区与水位变化区的分界线为设计最高水位减 1.0m；水位变化区与水下区的分界线为设计最低水位减 1.0m；重度盐雾作用区为离涨潮岸线 50m 内的陆上室外环境；轻度盐雾作用区为离涨潮岸线 50～500m 内的陆上室外环境。
2. 冰融比较严重的二类、三类环境条件下的建筑物，可将其环境类别分别提高为三类、四类。
3. 化学侵蚀性程度的分类见《水工混凝土结构设计规范》（SL 191—2008）中表 3.3.9。

该规范对各类构件混凝土保护层厚度的取值，作了如下规定：

（1）纵向受力钢筋的混凝土保护层厚度（从钢筋边缘算起）不应小于钢筋直径及表2-5所列的数值，同时也不应小于粗骨料最大粒径的1.25倍。

表2-5　　　　　　　　　　混凝土保护层最小厚度　　　　　　　　单位：mm

项　次	构 件 类 别	环 境 类 别				
		一	二	三	四	五
1	板、墙	20	25	30	45	50
2	梁、柱、墩	30	35	45	55	60
3	截面厚度不小于2.5m的底板及墩墙	—	40	50	60	65

注　1. 直接与地基接触的结构底层钢筋或无检修条件的结构，保护层厚度应适当增大。
　　2. 有抗冲耐磨要求的结构面层钢筋，保护层厚度应适当增大。
　　3. 混凝土强度等级不低于C30且浇筑质量有保证的预制构件或薄板，保护层厚度可按表中数值减小5mm。
　　4. 钢筋表面涂塑或结构外表面敷设永久性涂料或面层时，保护层厚度可适当减小。
　　5. 严寒和寒冷地区受冰冻的部位，保护层厚度还应符合《水工建筑物抗冰冻设计规范》（SL 211—2006）的规定。

（2）板、墙、壳中分布钢筋的混凝土保护层厚度不应小于表2-5中相应数值减10mm，且不应小于10mm；梁、柱中箍筋和构造钢筋的保护层厚度不应小于15mm；钢筋端头保护层厚度不应小于15mm。

（3）当梁、柱中纵向受力钢筋的混凝土保护层厚度大于40mm时，宜对保护层采取有效的防裂构造措施。

处于二～五类环境中的悬臂板，其上表面应采取有效的保护措施。

（4）对有防火要求的建筑物，其混凝土保护层厚度尚应符合有关规范的要求。

第二节　钢筋配料单与料牌

一、钢筋配料单

1. 配料单的作用及内容

配料单是根据施工图纸中钢筋品种、规格、外形尺寸、数量进行编号，计算下料长度，并用表格形式表达出来的过程。配料单的内容一般包括工程名称、构件名称、钢筋编号、钢筋简图及尺寸、钢筋直径、钢号、数量、下料长度及钢筋重量等。配料单既是钢筋加工时的依据，又是提出钢筋加工材料计划、签发工程任务单和限额领料的依据。

2. 配料单的编制

下面通过一个钢筋配料计算的实例，介绍钢筋下料长度计算及配料单编制的方法和步骤。

【例2-1】　某建筑物一层共有10根L₁梁（钢筋混凝土简支梁），如图2-11所示，求各钢筋的下料长度，编制钢筋配料单。

解：（1）绘出各种钢筋简图（表2-6）。

首先要读懂构件配筋图，掌握有关构造规定。

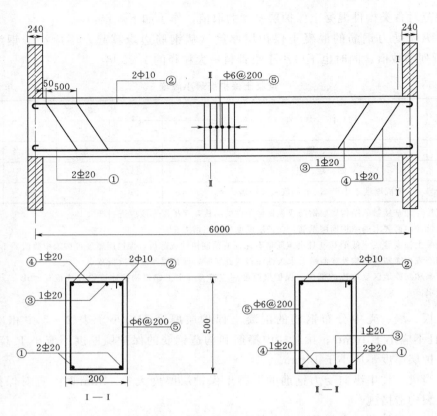

图 2-11　L₁ 梁配筋图

凡图纸上设计未注明的，按一般构造要求处理。L₁ 梁的纵筋保护层厚度：梁端梁侧都按 25mm 考虑，弯起钢筋的弯起角度取 45°。

（2）计算各编号钢筋的下料长度。

1）①号受力钢筋（2 Φ 20）。

钢筋外包尺寸：$6000 + 2 \times 120 - 2 \times 25 = 6190$（mm）

下料长度：$6190 + 6.25d_1 = 6190 + 2 \times 6.25 \times 20 = 6440$（mm）

2）②号架立钢筋（2 Φ 10）。

外包尺寸：同①号钢筋为 6190mm。

下料长度：$6190 + 2 \times 6.25d_2 = 6190 + 2 \times 6.25 \times 10 = 6315$（mm）

3）③号弯起钢筋（1 Φ 20）。外包尺寸分段计算。

端部平直段长：$240 - 25 + 50 + 500 = 765$（mm）

斜段长：$(500 - 2 \times 25) \times 1.414 = 636$（mm）

中间平直段长：$600 - 2 (120 + 50 + 500 + 450) = 3760$（mm）

各段外包尺寸之和：$2 \times (765 + 636) + 3760 = 6562$（mm）

下料长度：外包尺寸＋端部弯钩增长值－弯曲量度差

$$= 6562 + 2 \times 6.25d_3 - 4 \times 0.5d_3$$

$$= 6562 + 2 \times 6.25 \times 20 - 4 \times 0.5 \times 20$$

$$=6562+250-40$$
$$=6772 \text{（mm）}$$

4）④号弯起钢筋（1 ⊈ 20）。外包尺寸分段计算。

端部平直段长度：$240-25+50=265$（mm）

斜段长度：同③号钢筋为 636（mm）

中间平直段长度：$6000-2 \times（120+50+450）=4760$（mm）

各段外包尺寸之和：$2 \times（265+636）+4760=6562$（mm）

下料长度：$6562+2 \times 6.25d_4-4 \times 0.5d_4=6772$（mm）

5）⑤号箍筋（φ6@200）。外包尺寸为箍筋周长。

箍筋宽度：$200-2 \times 25+2 \times 6=162$（mm）

箍筋高度：$500-2 \times 25+2 \times 6=462$（mm）

外包尺寸：$2 \times（162+462）=1248$（mm）

箍筋调整值：查表 2-3，为 60mm。

下料长度：$1248+60=1308$（mm）

箍筋根数：$n=$ 主筋长度/箍筋间距 $+1=\dfrac{6240-2 \times 25}{200}+1=32$（根）

（3）编制钢筋配料单。根据以上计算成果，汇总编制 L_1 梁钢筋配料单，详见表 2-6。

表 2-6　　　　　　　　　　钢 筋 配 料 单

构件 名称	钢筋 编号	简　图	钢号	直径 （mm）	下料长度 （mm）	单位 根数	合计 根数	质量 （kg）
L_1 梁 （共 10 根）	①	6190	⊈	20	6440	2	20	317.6
	②	6190	φ	10	6315	2	20	77.9
	③	765 3760　636	⊈	20	6772	1	10	167.0
	④	265 4760　636	⊈	20	6772	1	10	167.0
	⑤	462　162	φ	6	1308	32	320	92.9

注　合计 φ6 钢筋 92.9kg；φ10 钢筋 77.9kg；⊈20 钢筋 651.6kg。

二、钢筋料牌

在钢筋施工中，仅有钢筋配料单还不够，还要根据列入加工计划的钢筋配料单为每一编号的钢筋制作一块料牌（又称钢筋配料牌或钢筋加工牌），钢筋加工完毕后将其绑在钢筋上。料牌既作为钢筋加工过程中的依据，又作为在钢筋安装中区别各工程项目、构件和各种编号钢筋的标志。

料牌可用 100mm×70mm 的纤维板或较硬的木质三层板等制作，料牌的正面一般写上钢筋所在的工程项目、构件号以及构件数量；料牌的反面应有钢筋编号、简图、直径、钢号、下料长度及合计根数等。通用的钢筋料牌形式如图2-12所示。

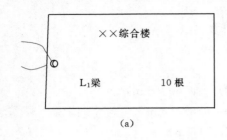

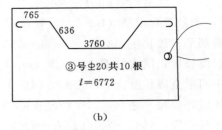

图2-12   钢筋料牌（单位：mm）

(a) 正面；(b) 反面

三、钢筋接头位置的确定

钢筋配料过程中，往往遇到有接头钢筋的情况，此时应在满足构件中对接头（包括焊接、机械连接、绑扎搭接接头）位置、数量、搭接长度等各项要求的前提下，根据钢筋原材料的长度来考虑接头的布置。

下面通过一个实例，介绍采用绑扎接头时，确定钢筋接头位置的方法。

【例2-2】   有一要求加工成型的钢筋混凝土梁中的钢筋（ϕ18），如图2-13（a）所示。根据该梁在结构中的受力状态，允许此钢筋采用绑扎搭接，现应怎样下料加工各段钢筋？

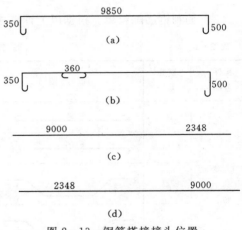

图2-13   钢筋搭接接头位置

示意图（1）（单位：mm）

（1）先计算出钢筋的下料长度（采用机械弯钩）。

$350+9850+500+2×5×18-2×2×18=10808$（mm）

（2）现库存的该规格的钢筋长度为9m$<$10.808m，需要设置一个接头如图2-13（b）所示，接头处的绑扎搭接长度应按现行的施工规范确定。本例中绑扎搭接长度暂按20d（d为钢筋直径），即$20×18=360$（mm），则下料长度应为

$10808+360+180=11348$(mm)[绑扎搭接末端弯钩的增加$2×5×18=180$(mm)]。

（3）确定两段钢筋接头的位置。

方法一：用9m长的原有钢筋作为一段，另一段钢筋的下料长度为

$$11348-9000=2348(mm)$$

如图2-13（c）所示。

方法二：和方法一相同，仅把接头的位置颠倒一下，如图2-13（d）所示，从下料的角度看，两种方法是完全相同的，但从加工成型的角度看又是不同的。方法一加工成型后如图2-14（a）所示，方法二加工成型后如图2-14（b）所示。

如果这种绑扎接头钢筋在同一个构件中不只是2根，而是更多，则下料就比较复杂

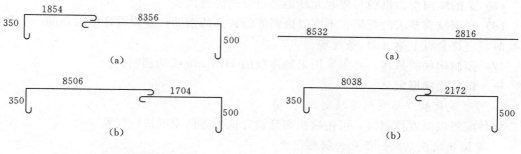

图 2-14　钢筋搭接接头　　　　　　图 2-15　钢筋搭接接头
位置示意图（2）（单位：mm）　　　位置示意图（3）（单位：mm）

了。由于受力钢筋搭接接头面积在同一连接区段内有一定比例的限制（同一连接区段的长度按规定取最小搭接长度的 1.3 倍，本例为 $1.3 \times 20d$；受压钢筋的接头面积百分率不宜超过 50%，受拉钢筋的接头面积百分率不宜大于 25%），则若是 4 根钢筋时，在受压区进行搭接，可按方法一和方法二各加工 2 根即可。但若是 3 根时，按方法一和方法二进行下料加工，都会出现在同一连接区段内搭接接头面积达到 66.7%，不符合规范的要求。因此，其中必须有 1 根钢筋的下料不同于方法一和方法二。

方法三：用原库存的 9m 长钢筋减去一个连接区段的长度作为一段下料长度，即

$$9000 - 1.3 \times 20d = 9000 - 1.3 \times 20 \times 18 = 8532 \text{(mm)}$$

则另一端下料长度为

$$11348 - 8532 = 2816 \text{(mm)}$$

其下料长度和加工成型后如图 2-15（a）、（b）所示。

这样下料，即可满足钢筋的成型要求了。当然搭接的位置还可以在超出一个连接区段的其他位置，这就要根据原材料的长度，以及被截下的一段能否合理利用等多方面的情况综合考虑了。一般在配料时，尽量使被截下的一段能够长一些，以免余料成为废料，使钢筋得到充分合理的利用。

第三节　钢　筋　代　换

在进行钢筋工程施工时，应按照设计文件中要求的钢筋种类、钢号和直径进行下料加工。钢筋加工单位要加强材料的计划性和供应性，尽量避免施工过程中的钢筋代换。

如果确认工地已不能供应设计要求的钢筋品种和规格，而要根据库存条件进行代换时，应事先征得设计单位的同意，并办理相应的设计变更文件后方可进行，并符合下列要求：

（1）不同种类钢筋代换，应按钢筋受拉承载力设计值相等的原则进行。

（2）当构件受抗裂、裂缝宽度、挠度控制时，钢筋代换后应重新进行验算。

（3）钢筋代换后，应满足混凝土结构设计规范中有关间距、锚固长度、最小钢筋直径、根数等要求。

（4）对重要受力结构，不宜用光圆钢筋代换带肋钢筋。

（5）梁的纵向受力钢筋与弯起光圆钢筋应分别进行代换。

（6）对有抗震要求的框架，不宜以强调等级较高的钢筋代换原设计中的钢筋；当必须代换时，应符合以上第（3）条规定。

（7）预制构件的吊环，必须采用未经冷拉的 HPB235 级钢筋制作。

一、钢筋代换原则

1. 等强度代换（不同钢筋级别的代换）

构件配筋以强度控制时，可按抗拉强度设计值相等的原则进行代换。

2. 等面积代换（同一级别的钢筋代换）

构件配筋以最小配筋率控制时，可按面积相等的原则进行代换。

二、钢筋代换计算公式

1. 等强度代换计算公式

当有钢筋的级别和直径与设计均不相同时，应采用等强度代换，代换后的钢筋截面强度不低于设计要求的截面强度。

按照等强度代换原则，代换应满足以下条件

$$A_{s2} f_{y2} \geqslant A_{s1} f_{y1} \qquad (2-11)$$

$$n_2 \frac{\pi d_2^2}{4} f_{y2} \geqslant n_1 \frac{\pi d_1^2}{4} f_{y1}$$

$$n_2 \geqslant \frac{n_1 d_1^2 f_{y1}}{d_2^2 f_{y2}} \qquad (2-12)$$

式中　A_{s1}——原设计钢筋总面积，mm^2；

A_{s2}——代换钢筋总面积，mm^2；

f_{y1}——原设计钢筋抗拉强度设计值，MPa；

f_{y2}——代换钢筋抗拉强度设计值，MPa；

n_1——原设计钢筋根数；

n_2——代换钢筋根数；

d_1——原设计钢筋直径，mm；

d_2——代换钢筋直径，mm。

式（2-12）有两种特例：

（1）设计强度相同、直径不同的钢筋代换时

$$n_2 \geqslant n_1 \frac{d_1^2}{d_2^2} \qquad (2-13)$$

（2）直径相同、强度设计值不同的钢筋代换时

$$n_2 \geqslant n_1 \frac{f_{y1}}{f_{y2}} \qquad (2-14)$$

2. 等面积代换的计算公式

当现有钢筋的级别与设计要求相符，但钢筋的直径不相符时，保证代换后钢筋面积不小于设计的钢筋面积即可。

根据等面积代换的原则，代换应满足以下条件

$$A_{s2} \geqslant A_{s1} \qquad (2-15)$$

$$n_2 \frac{\pi d_2^2}{4} \geqslant n_1 \frac{\pi d_1^2}{4}$$

$$n_2 \geqslant n_1 \frac{d_1^2}{d_2^2} \tag{2-16}$$

式中符号的含义同前。

三、钢筋代换的注意事项

（1）代换后应满足原结构设计的要求，并符合国家现行施工规范的有关规定（包括钢筋间距、锚固长度、最小钢筋直径、根数等要求）。

（2）以高一级钢筋代换低一级钢筋时，宜采用改变钢筋直径的方法而不宜采用改变钢筋根数的方法来减少钢筋截面积。

（3）用同钢号某直径钢筋代替另一种直径的钢筋时，其直径变化范围不宜超过 4mm，变更后钢筋总截面面积与设计文件规定的截面面积之比不得小于 98% 或大于 103%。

（4）设计主筋采取同钢号的钢筋代换时，应保持间距不变，可以用直径比设计钢筋直径大一级和小一级的两种型号钢筋间隔配置代换。

（5）当构件受裂缝宽度或挠度控制时，钢筋代换后应进行裂缝宽度或挠度验算。

四、钢筋代换实例

【例 2-3】　某工地一根 400mm 宽的钢筋混凝土梁，原设计梁底部纵向受力钢筋为 HRB335 级 Φ22 钢筋 9 根，分两排布置，底排 7 根，上排 2 根。现欲用 HRB400 级 Φ25 钢筋代换，求所需 Φ25 钢筋根数及其布置（HRB335 级钢筋强度设计值为 $f_y = 300\text{N}/\text{mm}^2$，HRB400 级钢筋强度设计值为 $f_y = 360\text{N}/\text{mm}^2$）。

解：本题属于直径不同，强度设计值不同的钢筋代换。

由式（2-12）得 Φ25 钢筋的根数为

$$n = 9 \times \frac{22^2 \times 300}{25^2 \times 360} = 5.81（根）$$

取 6 根。

该 6 根钢筋布置成一排（其净距满足构造要求），这样增大了钢筋合力点至构件截面受压边缘的距离，对提高构件的承载力有利。

【例 2-4】　某工地有一根钢筋混凝土梁，设计主筋为 4 ϕ14 而工地现存钢筋仅有 ϕ10、ϕ12、ϕ16 三种，应如何代换。

解：该题属于同钢号（强度等级）不同直径的钢筋代换。根据钢筋代换的有关规定，应保持间距不变，选用比原钢筋直径大一级和小一级的两种直径钢筋间隔配置代换。

选 2 ϕ12 和 2 ϕ16 代换原 4 ϕ14。

复核。原设计钢筋总截面积

$$A_{s1} = 4 \times \frac{\pi \times 14^2}{4} = 615（\text{mm}^2）$$

代换钢筋总截面积

$$A_{s2} = 2 \times \frac{\pi \times 12^2}{4} + 2 \times \frac{\pi \times 16^2}{4} = 226 + 402 = 628（\text{mm}^2）$$

$628 - 615 = 13\text{mm}^2 < 615 \times 3\% = 18\text{mm}^2$，满足。

第四节 钢 筋 配 料 实 践 训 练

题目： 某教学楼有 5 根钢筋混凝土简支外伸 L₁ 梁施工，其配筋详图（施工图）如图 2－16 所示。该梁的混凝土强度等级为 C30，现场预制，浇筑质量有保证。钢筋采用机械加工。

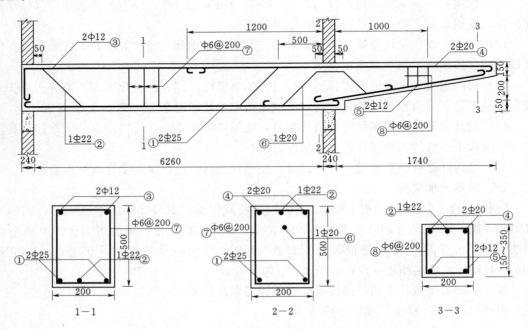

图 2－16 钢筋混凝土简支外伸 L₁ 梁的配筋详图

任务： 编制 L₁ 梁钢筋配料单（附钢筋料牌）。

要求： （1）配料计算要有详细的过程和步骤。

（2）绘制配料单、料牌时要工整、规范。

（3）要独立完成任务。

习   题

一、问答题

1. 什么是钢筋的配料？

2. 什么是钢筋的弯曲调整值（量度差）？

3. 弯钩增加长度是否就是弯钩本身的长度？

4. 半圆弯钩的增加长度是多少？适用什么样的钢筋？

5. 什么是箍筋调整值？

6. 写出计算箍筋下料长度的两种公式。

7. 如何计算钢筋的下料长度？

8. 钢筋配料单有什么作用？如何编制？

9. 钢筋料牌有什么作用?

10. 什么是钢筋代换?

11. 等强度代换的原理是什么?其计算原则是什么?

12. 钢筋代换应注意哪些问题?

二、计算题

1. 计算如图 2-17 所示梁的箍筋下料长度,主筋为 4 φ 20,等距离排列,纵筋混凝土保护层取 25mm。

2. 某 L₁ 梁的配筋图如图 2-18 所示,计算各钢筋的下料长度,编制钢筋配料单,绘制钢筋料牌,并计算 10 根 L₁ 梁的钢筋重量。(纵筋混凝土保护层取 25mm;钢筋单位长度重量为: φ 6,0.222kg/m; φ 12,0.888kg/m; φ 20,2.47kg/m)

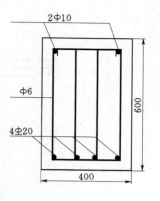

图 2-17 梁断面图

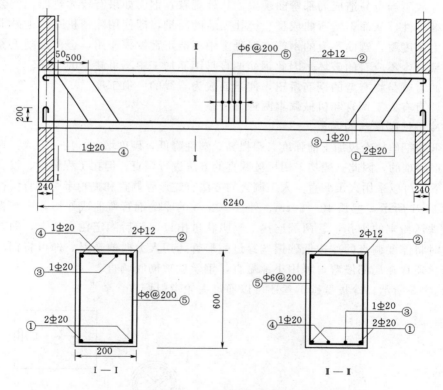

图 2-18 L₁ 梁配筋图

3. 某梁主筋设计为 3 φ 20 钢筋,现拟用 Ⅰ 级钢筋代换,直径为 18mm,应该用多少根?

4. 工地上一根梁的主筋是 2 φ 14,要用 φ 10 钢筋代换,需几根?

5. 图纸上原设计用 14 φ 16 钢筋,现在准备用 φ 14 和 φ 18 两种钢筋代换,应该各用多少根?

第三章 钢筋加工工艺

第一节 钢筋调直

为了运输和存放方便，细钢筋一般均卷成圆盘状（又称盘圆钢筋），同时直条钢筋由于运输和存放不当也易造成局部弯曲现象。从外观看，钢筋如果有较大弯曲，就会影响下料长度的准确性，从而影响弯曲成型、绑扎安装的质量，即使用除锈机除锈也是很不安全的。从受力角度看，弯曲不直的钢筋在混凝土中不能正常发挥作用，会使混凝土提前产生裂缝，以致产生不应有的破坏。因此钢筋调直是钢筋加工中不可缺少的工序。

钢筋调直就是将有弯的钢筋矫正，使钢筋成为直线的一道工序。

钢筋调直有人工调直和机械调直两种方法。

一、冷拔低碳钢丝的调直

冷拔低碳钢丝较冷拔加工前强度大幅提高，塑性降低，硬度增加，用一般人工调直方法来调直是很困难的，因此一般均采用机械调直的方法进行调直。但在工程量少、设备不易解决的情况下，可以采用人工调直。人工调直的方法有蛇形管调直和夹轮牵引调直两种。

如图 3-1 所示，把长 40～50cm、外径 20mm 的厚壁钢管弯曲成蛇形，再在管壁四周打上排漏铁锈粉末的小孔，管两端连接上喇叭状进出口，最后固定在支架上，即制成蛇形管。调直时将需要调直的冷拔低碳钢丝穿过蛇形管，用人力向前牵引，即可将钢丝基本调直。如钢丝还存在局部慢弯，可用小锤敲直，钢丝就被彻底调直。

如图 3-2 所示，冷拔低碳钢丝还可以通过夹轮牵引调直。

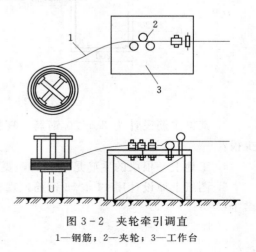

图 3-2 夹轮牵引调直
1—钢筋；2—夹轮；3—工作台

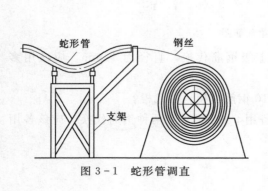

图 3-1 蛇形管调直

二、钢筋的调直

（一）人工调直

1. 细钢筋调直

直径在 10mm 以下的盘圆钢筋称为细钢筋。细钢筋可以在工作台上用小锤敲直或利用工作台上卡盘和钢筋扳子扳直，也可用绞磨拉直。绞磨装置是由一台手摇绞车或木绞盘、钢丝绳、地锚和夹具组成。操作时先将盘圆钢筋搁到放圈架上，人工将钢筋拉到一定长度切断，分别将钢筋两端夹在地锚和绞磨端的夹具上，推动绞磨，即可将钢筋拉直，如图 3-3 所示。

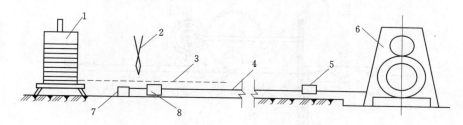

图 3-3　绞磨拉直钢筋
1—盘条架；2—钢筋剪；3—开盘钢筋；4—调直钢筋；
5—钢筋夹具；6—绞磨车；7—地锚；8—钢筋夹具

2. 粗钢筋调直

直径 10mm 以上的粗钢筋是直条状的，其弯曲是在运输和堆放过程中造成的，一般仅在直条上出现一些慢弯。其调直方法是：将钢筋弯折部位置于工作台的扳柱间，利用手工扳子将钢筋弯曲处矫直。也可以直接将钢筋弯曲处放在扳柱间，手持直段钢筋作为力臂将钢筋扳直，然后将基本矫直的钢筋放在铁砧上，用大锤将钢筋慢弯处敲直，如图 3-4 和图 3-5 所示。

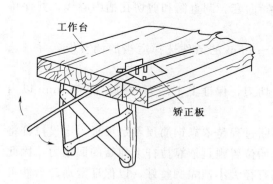

图 3-4　人工矫直粗钢筋

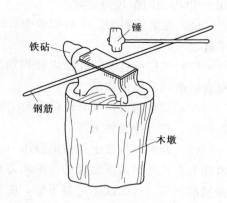

图 3-5　人工敲直钢筋

（二）机械调直

机械调直是利用钢筋调直机或卷扬机把弯曲的钢筋调直使其达到钢筋加工的要求。

1. 钢筋调直机的工作原理

钢筋调直机是一种同时具有调直、除锈和切断 3 项功能的钢筋加工机械。目前常用的钢筋调直机有 GT1.6/4、GT3/8、GT6/12 和 GT10/16（型号标志中斜线两侧的数字表示所能调直切断的钢筋直径大小上下限）型。

钢筋调直切断机主要由放盘架、调直筒、传动箱、牵引机构、切断机构、承料架、机架及电控箱组成。工作原理为：弯曲钢筋经导向筒进入调直筒，调直筒内有 5 个不在同一中心线上可以调节的高速旋转调直模，利用调直模的偏心作用，穿过调直筒的慢弯钢筋经反复弯曲变形就被调直，同时钢筋表面的铁锈被调直模清除。当调直好的钢筋达到预设长度时，便将钢筋切断，切断的钢筋落入承料架内，其工作原理如图 3-6 所示。

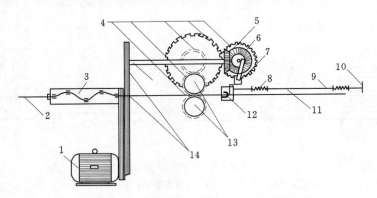

图 3-6   钢筋调直切断机工作原理图

1—电动机；2—未调直钢筋；3—调直筒；4—传送减速齿轮；5—转向锥形齿轮；
6—曲柄轮；7—锤头；8—压缩弹簧；9—定尺拉杆；10—定尺板；11—调直
钢筋；12—滑动刀台；13—传送压辊；14—皮带

2. 钢筋调直机的操作要点及要求

（1）根据钢筋直径选择适当的牵引辊槽宽。在钢筋穿过辊间之后，保证上下辊间有 3mm 以内的间隙较为适宜。

（2）安装承料架。承料架槽中心线应对准导向套、调直筒和剪切孔槽中心线，并保持平直。

（3）根据调直模的孔径应比钢筋直径大 2～5mm 的条件选择适当的调直模，并且选择合适的调直模偏移量。

（4）安装切刀。安装滑动刀台上的固定上切刀，保证上下两刀的刃口间有 1mm 以内的间隙，并且拧紧锁紧螺母。

（5）调整好拉杆上弹簧的预压力。钢筋切断过程是依靠钢筋顶着定尺板，定尺拉杆将滑动刀台拉至锤头下完成的。滑动刀台回到起始位置则是依靠拉杆上弹簧的回顶力，因此弹簧的预压力过大或不足都不好，应根据钢筋直径大小预先调整好，以保证滑动刀台能可靠地弹回为准。

（6）检查设备。每天工作前都要对设备进行检查，确认正常后可进行试运转。

（7）试运转。首先从空载开始，确认运转可靠之后才可以进料、试验调直和切断。

（8）试断筋。机器开动后试断 3～4 根钢筋，以便出现偏差及时得到纠正。

（9）安装导向管。每盘钢筋末尾或调直短钢筋时，在导向套前部安装 1 根长约 1m 的导向钢管，以防止发生伤人事故。

（10）安全要求。盘圆钢筋放入放圈架上要平稳，如有乱丝或钢筋脱架时，必须停车处理。操作人员不能离机械过远，以防发生故障时不能立即停车造成事故。

三、钢筋调直的质量要求

调直后的钢筋应符合下列要求：

（1）钢筋应平直，无局部弯折，钢筋中心线同直线的偏差不应超过其全长的1%。

（2）钢筋在调直机上调直后，其表面伤痕不得使钢筋截面面积减少5%以上。

（3）如用冷拉方法调直钢筋，则其调直冷拉率不得大于1%。对于Ⅰ级钢筋，为了能在冷拉调直的同时去除锈皮，冷拉率可加大，但不得大于2%。

第二节　钢　筋　除　锈

由于保管不善或者存放时间过久，钢筋会在空气中氧化，从而在其表面形成一层铁锈。钢筋表面的铁锈，根据锈蚀程度分为黄褐色的水锈和红褐色陈锈以及深褐色或黑色的老锈。

水锈除在冷拔或者焊接焊点附近必须清除干净外，一般可不处理。陈锈锈蚀严重，会影响钢筋与混凝土之间的粘结，从而削弱钢筋与混凝土的共同受力，这种陈锈一定要清理干净。钢筋锈蚀发展到老锈时，锈斑明显，有麻坑，出现起层的片状分离现象，有这种老锈的钢筋使用前应鉴定是否降级使用或另作其他处理。

一、钢筋的除锈方法

现场钢筋除锈有钢筋加工时除锈、手工除锈、机械除锈、喷砂除锈和酸洗除锈5种方法。

（一）钢筋加工时除锈

钢筋在冷拉、冷拔和调直的过程中，因为钢筋表面受到机械作用或截面面积发生变化，所以钢筋表面的铁锈多能脱落，这是一种最合理、最经济的除锈方法，也是目前用得最多的方法。

（二）手工除锈

常用的手工除锈方法有以下几种。

（1）钢丝刷擦锈。就是将生锈钢筋并排放在工作台或木垫板上，边用钢丝刷擦钢筋表面边滚动钢筋，清除钢筋表面的铁锈。这种除锈方法工效较低，主要用于少量钢筋除锈或钢筋局部除锈。

（2）砂堆擦锈。就是将生锈钢筋放在砂堆上往返推拉，利用干燥的砂子摩擦钢筋表面，清除钢筋表面的铁锈。

（3）麻袋砂包擦锈。就是将钢筋包裹在麻袋砂包中，来回推拉摩擦钢筋表面，清除钢筋表面的铁锈。

（4）砂盘擦锈。用木材或混凝土制成砂盘，在砂盘里装入可掺有20%碎石的干粗砂，把生锈的钢筋穿进砂盘两端的半圆形槽里来回冲擦，利用砂石与钢筋表面的摩擦清除铁锈。这种除锈方法效果较好，主要用于较粗钢筋除锈。

（三）机械除锈

机械除锈主要指电动除锈机除锈。电动除锈机用小功率电动机作为动力，带动圆盘钢丝刷，通过圆盘钢丝刷的旋转来清除钢筋上的铁锈，如图3-7所示。电动除锈机有固定式和移动式两种类型。固定式除锈机又可分为封闭式和开敞式两种类型，封闭式除锈机另加装了一个封闭式的排尘罩和排尘管道，如图3-8所示。这种方法工效高，并能获得良好的除锈效果。

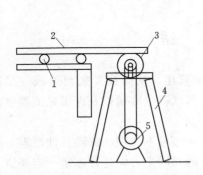

图3-7　电动除锈机
1—滚道；2—钢筋；3—钢丝刷；
4—机架；5—电动机

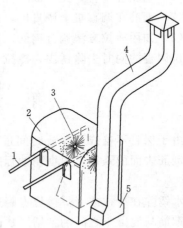

图3-8　固定式钢筋除锈机
1—钢筋；2—排尘罩；3—钢丝刷；
4—排尘管道；5—旋转风机

（四）喷砂除锈

喷砂除锈主要是用空压机、储砂机、喷砂管、喷头等设备，利用空压机产生的强大气流形成高压砂流清除钢筋表面铁锈。这种方法除锈效果较好，适用于大量除锈工作。

（五）酸洗除锈

酸洗除锈是将钢筋放入酸洗槽中，分别将油污、铁锈清洗干净。这种方法较人工除锈彻底，工效高，适用于大量除锈工作。

二、操作技术要求

使用除锈机的注意事项：

（1）检查钢丝刷的固定螺栓有无松动，传动部分润滑情况是否良好；检查封闭式防护罩装置及排尘设备是否处于良好状态；检查电气设备的绝缘及接地是否良好。

（2）钢筋与钢丝刷松紧程度要适当，避免过紧或过松，过紧使钢丝刷损坏，过松影响除锈效果。

（3）操作人员必须扎紧袖口，戴防尘口罩、手套以及防护眼镜。

（4）操作人员应将钢筋放平握紧，必须侧身送料，严禁在除锈机的正前方站人。

（5）在整根长钢筋除锈时，一般要由两人进行操作，两人要紧密配合，互相呼应。

（6）钢丝刷转动时不可在附近清扫锈尘。

（7）严禁将弯曲成型的钢筋上机除锈，弯曲过大的钢筋宜在基本调直后除锈。

（8）对于有起层锈皮的钢筋，应先用小锤敲落锈皮，再除锈。

第三节 钢筋下料切断

钢筋经过调直、除锈后，根据钢筋配料单和料牌上所标示的钢筋下料长度、规格，即可进行下料切断。钢筋按下料长度下料，力求准确，允许偏差应符合有关规定。

一、准备工作

钢筋切断前应做好以下准备工作，以求获得最佳的经济效果。

（1）汇集当班所要切断的钢筋料牌，将同规格（同级别、同直径）的钢筋分别统计，按不同长度进行长短搭配，一般情况下应先断长料，后断短料，以尽量减少短头，减少损耗。

（2）检查测量长度所用工具或标志的准确性，在工作台上有量尺刻度线的，应事先检查定尺卡板的牢固和可靠性。在断料时避免用短尺量长料，防止产生累计误差。切断机工作台和定尺卡板如图3-9所示。

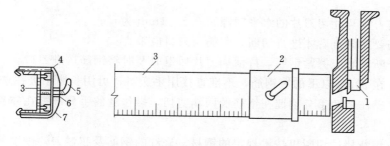

图3-9 切断机工作台和定尺卡板

1—切断机刀口；2—定尺卡板；3—槽钢工作台；4—滚轮；5—手柄；6—螺帽；7—弯脚钢板

（3）对根数较多的批量切断任务，在正式操作前应先试切断1~2根钢筋，尺寸无误后再成批加工。

二、钢筋切断方法及适用条件

钢筋的切断有机械切断、手工切断和氧乙炔焰切断3种。对于直径大于40mm的钢筋，多数工地用氧乙炔焰切断，氧乙炔焰切断钢筋工效高，操作简单，但是成本较高。下面介绍机械切断和手工切断两种方法。

（一）机械切断

机械切断是指用钢筋切断机来切断钢筋。钢筋切断机有电动和和液压传动两种类型，常用的是电动钢筋切断机，构造如图3-10所示。其工作原理为：电动机通过皮带轮及齿轮组变速，带动偏心轴，偏心轴推动连杆，连杆端部装有冲切刀片，冲切刀片作往复水平动作，即和固定刀片切断钢筋。

1. 优点、缺点及适用条件

（1）优点：较手工切断速度快，加工量大，工效高。

（2）缺点：较手工切断操作复杂，需特别注意安全，操作不当易出现故障。

（3）适用条件：切断量大，批量生产的情况下适用。

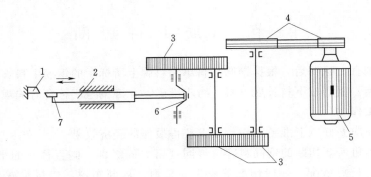

图 3-10　钢筋切断机构造示意图

1—固定刀片；2—连杆；3—变速齿轮组；4—皮带轮；5—电动机；6—偏心轴；7—冲切刀片

2．钢筋切断机的操作要点

（1）使用前应检查刀片安装是否准确、牢固，润滑油是否充足，并且要空车运转正常后再进行操作。

（2）固定刀片与冲切刀片的水平间隙以 0.5～1mm 为宜。

（3）钢筋要在调直后才进行切断，钢筋与刀口应垂直。

（4）钢筋断料时应握紧钢筋，待活动刀片后退时及时将钢筋送进刀口。

（5）长度在 30cm 以下的短钢筋，不准直接用手送料，可用长钳子夹住送料。

（6）禁止操作者两手分别握在钢筋的两端剪切，操作者的手只准握在靠身边一端的钢筋上。

（7）禁止切断超过切断机技术规定的钢材、烧红的钢筋及超过刀片硬度的钢筋。

（8）在机器运转时，不得进行任何修理、校正和取下防护罩；不得触及运转部位；严禁将手置于刀口附近；不得用手抹或嘴吹遗留于切断机上的铁屑、铁末，而应在停机后用毛刷清扫。

（二）手工切断

1．优点、缺点、适用条件

（1）优点：工具重量轻，操作简单，便于携带。

（2）缺点：劳动强度大，工效低，而且必须经常复核断料尺寸是否准确。

（3）适用条件：切断量少，缺少动力设备的情况下适用。

2．钢筋切断方法

（1）断线钳切断。切断细直径钢筋和钢丝可用断线钳，断线钳形状如图 3-11 所示。由于重量轻、携带方便，绑扎现场切断钢筋数量较少时常用。

（2）手压切断器切断。手压切断器由固定刀片、活动刀片、底座、手柄等组成，如图 3-12 所示。固定刀片连接在底座上，活动刀片通过几个轴或齿轮以杠杆原理加力来切断钢筋。手压切断器一般能切断 16mm 以下的Ⅰ级钢筋，它可根据所切断钢筋直径来调整手柄长度，切断时比较省力。

（3）手动液压切断机切断。手动液压钢筋切断机构造如图 3-13 所示。它由滑轨、刀片、压杆、柱塞、活塞、储油筒、回位弹簧及缸体等组成，能切断 16mm 以下的钢筋。

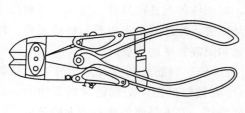

图 3-11　断线钳

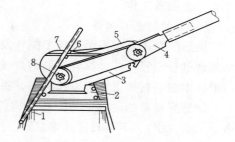

图 3-12　手压切断器
1—钢筋；2—底座；3—固定板；4—把柄；5—边
夹板；6—固定刀片；7—活动刀片；8—轴

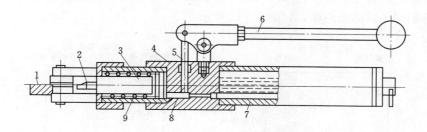

图 3-13　SYJ—16 型手动液压切断机
1—滑轨；2—刀片；3—活塞；4—缸体；5—柱塞；6—压杆；7—储油筒；8—吸油阀；9—回位弹簧

它主要通过液压传动原理，使刀片切割钢筋来完成切断。这种机具具有体积小、重量轻、操作简单、便于携带的特点。

（4）克子切断器切断。克子切断器用于钢筋切断量少或缺乏切断设备的场合。使用克子切断器时，将下克插在铁砧的孔里，把钢筋放在下克槽里，上克边紧贴下克边，用大锤打击上克使钢筋切断，如图 3-14 所示。

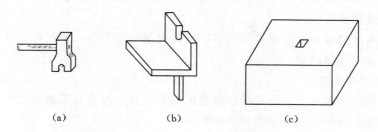

（a）　　　　　　　　（b）　　　　　　　　（c）

图 3-14　克子切断器
（a）上克；（b）下克；（c）铁砧

第四节　钢筋弯曲成型

钢筋弯曲成型是将已切断、配好的钢筋按照钢筋配料单或料牌上的钢筋式样和尺寸，弯曲加工成相应的形状、尺寸的过程，是钢筋加工的一道主要工序。

一、准备工作

（一）配料单的制备

钢筋配料单是根据结构施工图样及规范要求，对构件各钢筋按品种、规格、外形尺寸及数量进行编号，并计算各钢筋的直线下料长度及重量，将计算结果汇总所得的表格。配料单是钢筋备料加工、签发任务书、提出材料计划和限额领料的依据。

钢筋配料单的内容包括工程及构件名称、钢筋编号、钢筋简图及外形尺寸、钢筋规格、数量（根）、下料长度及重量等。配料单内容主要按施工图上的钢筋材料表抄写，但是应特别注意：下料长度一栏必须由配料人员算好填写，并不是照抄材料表上的长度。

（二）料牌

钢筋料牌是根据列入加工计划的配料单，为每一编号钢筋制作的一块 100mm×70mm 的木板或纤维板，将钢筋的工程及构件名称、钢筋编号、数量、规格、钢筋简图及下料长度等内容分别写于料牌的两面，如图 3-15 所示。

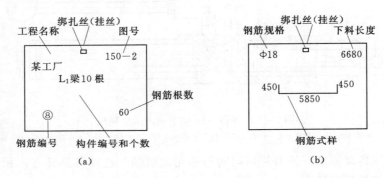

图 3-15 料牌格式（单位：mm）

(a) 正面；(b) 反面

料牌是钢筋加工和绑扎的依据，它随着工艺流程的传送，最后系在加工好的钢筋上，作为钢筋安装工作区别各工程项目、各类构件和不同钢筋的标志。

二、弯曲成型方法

钢筋的弯曲成型有手工弯曲成型和机械弯曲成型两种方法。钢筋弯曲成型的操作程序为：划线→试弯→弯曲成型。

（一）手工弯曲成型

手工弯曲成型钢筋具有设备简单、成型准确的特点，但也有劳动强度大、效率低等缺点，主要是在施工现场小批量加工钢筋时采用。

1. 工具和设备

（1）工作台。弯曲钢筋的工作台，台面尺寸约为 600cm×80cm（长×宽），高度约为 80～90cm，一般用木材或型钢制成。工作台要求稳固牢靠，避免在工作时发生晃动。

（2）手摇扳。手摇扳是用来弯制细钢筋的主要工具，由钢板底盘、扳柱、扳手组成，如图 3-16 所示。图 3-16（a）中手摇扳是用来弯制 12mm 以下的单根钢筋；图 3-16（b）中手摇扳可弯制直径 8mm 以下的多根钢筋，一次弯制 4～8 根，主要适宜弯制箍筋。

手摇扳是利用钢板底盘固定在工作台上进行操作的，如果使用钢制工作台，挡板、扳

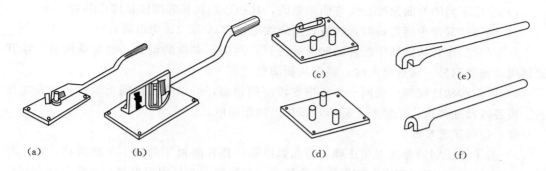

图 3-16 手工弯曲钢筋的工具

(a) 弯单根钢筋的手摇扳;(b) 弯多根钢筋的手摇扳;(c) 四扳柱卡盘;
(d) 三扳柱卡盘;(e) 横口扳子;(f) 顺口扳子

柱可直接固定在台面上,钢板底盘取消,扳手直接在工作台上操作。

(3) 卡盘。卡盘是弯制粗钢筋的主要工具之一,它由一块钢板底盘和扳柱组成。扳柱焊在底盘上,底盘需固定在工作台上。

卡盘有两种形式:一种是一块钢板底盘上焊 4 个扳柱,可弯曲直径 32mm 以下的钢筋,但在弯制 28mm 以下的钢筋时,在后面两个扳柱上要加不同厚度的钢套,如图 3-16 (c) 所示;另一种是在一块钢板底盘上焊 3 个扳柱,这种卡盘不需要配钢套,比较常用,如图 3-16 (d) 所示。

(4) 钢筋扳子。钢筋扳子是弯制钢筋的工具,它主要与卡盘配合使用,分为横口扳子和顺口扳子两种,如图 3-16 (e)、(f) 所示。横口扳子又有平头和弯头之分,弯头横口扳子仅在绑扎钢筋时纠正某些钢筋形状和位置时使用。

准备钢筋弯曲扳子时,应有各种规格扳口的扳子,使用时选择扳口尺寸比弯制的钢筋直径大 2mm 的扳子较为合适。

2. 操作要点

(1) 划线。划线是指在钢筋弯曲前,根据钢筋配料单或料牌上标明的尺寸,用石笔将各弯曲点位置画出的操作工序。常用的简便划线方法是:根据料牌上要求的式样和尺寸,将各段分别画上分段尺寸线即弯曲点线,并在划弯曲钢筋分段尺寸时,将不同角度的弯曲调整值在弯曲操作方向相反的一侧长度内扣除,如图 3-17 所示。根据弯曲点线并按规定方法弯曲后,钢筋的形状和尺寸与图纸的要求基本相符。划线时应注意:

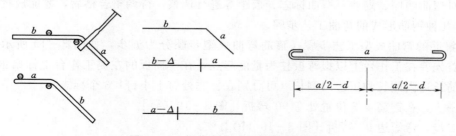

图 3-17 操作方向对划线长度的影响

1) 根据不同的弯曲角度扣除弯曲调整值，其扣法是从相邻两段长度中各扣一半。

2) 钢筋端部带半圆弯钩时，该段长度划线时增加 $0.5d$（d 为钢筋直径）。

3) 划线工作宜从钢筋中线开始向两端进行；两端不对称的钢筋，也可从钢筋一端开始划线，如划到另一端有出入时，则应从新调整。

4) 弯曲形状比较简单或同一形状根数较多的钢筋，可以不在钢筋上划线，而在工作台上按各段尺寸要求，固定若干标志，按标志操作即可。

（2）弯曲工艺步骤。

1) 为了保证钢筋弯曲形状正确，弯曲弧准确，操作时扳子部分不可碰扳柱，扳子与扳柱钢筋之间的净距离即扳距应保持一定数值。扳距的大小是根据钢筋的弯曲角度和直径来调整的，其取值见表 3-1 所列数值。

表 3-1　　　　　　　　　扳距值参考表（d 为弯曲钢筋的直径）

弯曲角度	45°	90°	135°	180°
扳距	$(1.5\sim2)d$	$(2.5\sim3)d$	$(3\sim3.5)d$	$(3.5\sim4)d$

2) 钢筋弯曲点线在扳柱上的位置要配合划线操作方向，根据不同的弯曲角度进行调整。当钢筋弯曲 90° 以内角度时，弯曲点线与扳柱外缘持平；当钢筋弯 135°～180° 时，弯曲点线与扳柱边缘的距离约为 1 倍钢筋直径。扳距、弯曲点线和扳柱的关系如图 3-18 所示。

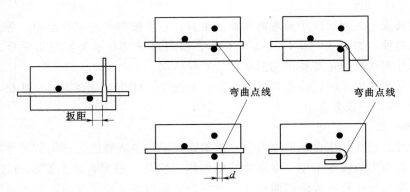

图 3-18　扳距、弯曲点线和扳柱的关系

3) 钢筋划线之后，即可试弯 1～2 根，以检查划线的结果是否符合设计要求。如不符合，应对弯曲顺序、划线、弯曲标志、扳距等进行调整，待调整合格后，才能成批弯制。

4) 几种钢筋形式的弯曲工艺步骤。

a. 箍筋的弯曲成型工艺步骤。箍筋弯曲成型步骤分为五步，如图 3-19 所示。在操作前，首先要在工作台上以拟弯扳柱为量度起点，在手摇扳的左侧工作台上标出钢筋 1/2 长、箍筋长边内侧长和短边内侧长（可分别在标志处钉上小钉）3 个标志。

第一步，在钢筋 1/2 位置处弯 90° 弯折［图 3-19（a）］。

第二步，弯短边 90° 弯折［图 3-19（b）］。

第三步，弯长边 135° 弯钩［图 3-19（c）］。

第四步，弯长边 90°弯折 [图 3-19 (d)]。

第五步，弯短边 135°弯钩 [图 3-19 (e)]。

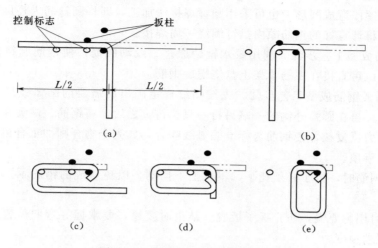

图 3-19 箍筋弯曲成型工艺步骤

b. 弯起钢筋的弯曲成型工艺步骤。一般弯起钢筋长度较大，故通常在工作台两端设置卡盘，分别在工作台两端同时完成成型工序。弯起钢筋弯曲成型步骤如图 3-20 所示。

第一步，弯一端的 180°弯钩 [图 3-20 (a)]。

第二步，往右移钢筋弯一端的第一个 45°弯钩 [图 3-20 (b)]。

第三步，往右移钢筋反向弯一端的第二个 45°弯钩 [图 3-20 (c)]。

第四步，将钢筋掉过头来弯另一端的 180°弯钩 [图 3-20 (d)]。

第五步，往右移钢筋弯另一端的第一个 45°弯钩 [图 3-20 (e)]。

第六步，往右移钢筋反向弯另一端的第二个 45°弯钩 [图 3-20 (f)]。

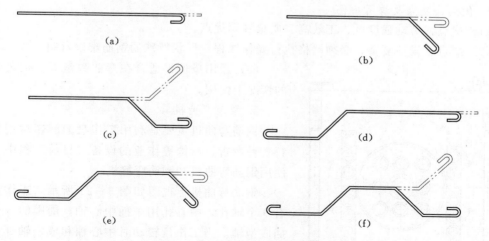

图 3-20 弯起钢筋的成型工艺步骤

当弯曲形状比较复杂的钢筋时，可以首先在工作台上放出实样，用扒钉钉在工作台上控制钢筋的各个弯转角，然后再进行弯曲操作。采用这种方法弯曲钢筋，形状比较准确，平面比较平整。

c. 圆箍筋成型工艺步骤。先用扳子弯好弯钩，再钉于工作台台面已加工好的内外圆弧木导板中，逐段弯成圆形。也可采用圆箍焊接法加工，即将圆箍筋内径用扒钉放样在工作台上，然后将计算好的钢筋顺内扒钉缠绕一周焊接。

d. 螺旋筋成型工艺步骤。利用绞水辘轳原理，绞动圆筒，使钢筋缠绕在圆筒上，即成螺旋钢筋。也可直接在主筋骨架上盘绕螺旋钢筋。

e. 局部圆弧钢筋成型工艺步骤。先按图纸规定画出所需要的圆弧弧形，依弧线内侧钉好一排扒钉，再在圆弧外侧的一端另钉一只扒钉。之后，将钢筋一端夹在扒钉中间，另一端系麻绳用力反复拉，使钢筋与标准圆弧线吻合，如完全吻合则加工合格。

（3）注意事项。

1）弯制钢筋时，扳子必须托平，不可上下摆动，以免弯成的钢筋不在一个平面，发生翘曲现象。

2）起弯时用力要慢，防止扳子扳脱；结束时要稳，要掌握好弯曲位置，以免弯过头或没有弯到要求角度。

3）每次弯曲成型完第一根钢筋，都要检查长度和角度的准确性，以作为试弯数据供继续成型调整尺寸使用。

4）钢筋的弯钩一般应留在最后弯制，这样可以将配料、划线或弯曲过程中产生的误差留在弯钩内，不致影响成型钢筋的外形尺寸。也可以先弯一端的弯钩，再从这一端顺次往另一端进行，而将误差消除在剩下的弯钩内。

5）弯曲钢筋需较大劳动量，故操作时应随时检查使用工具的牢固性，如扳子有无裂口、底盘与扳柱和工作台是否固定结实等，并且禁止在高空或脚手架上弯制粗钢筋，避免因操作时脱扳造成坠落事故。

（二）机械弯曲成型

1. 优点、缺点及适用条件

（1）优点：劳动强度低、工效高、质量好等优点。

（2）缺点：设备复杂，必须严格执行操作规程，形状特殊的钢筋难以弯制。

（3）适用条件：适合在弯曲数量大、批量生产的情况下使用。

2. 常用弯曲机具

钢筋弯曲机主要是利用工作盘的旋转对钢筋进行各种弯折、弯钩等作业的设备。目前工程中主要使用钢筋弯曲机和钢筋弯箍机。

钢筋弯曲机上视图如图3-21所示，工作盘上有9个轴孔，中心孔用来插中心轴，周围的8个孔插成型轴。当工作盘转动时中心轴和成型轴都在转动，由于中心轴在圆心上，工作盘虽在转动，但中心轴位置并没有移动，而成型轴却围绕着中心轴作圆弧转动。操作时，先将钢筋需要弯曲的部位放在

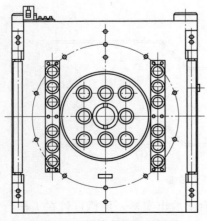

图3-21　钢筋弯曲机上视图

中心轴和成型轴之间，开动弯曲机使工作盘转动，由于钢筋一端被挡铁轴阻止不能运动，钢筋就被成型轴绕着中心轴弯曲。用倒顺开关使工作盘反转，成型轴回到起始位置，将钢筋取出，弯制成型工作即告结束。通过调整成型轴的位置可以将钢筋弯曲成需要的角度，如图 3-22 所示。

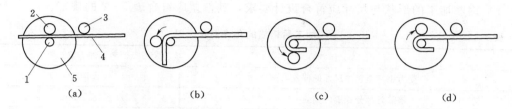

图 3-22 弯曲机工作示意图

1—心轴；2—成型轴；3—挡铁轴；4—钢筋；5—工作盘

钢筋弯箍机是施工中弯制各种形状箍筋的钢筋弯曲设备。

3. 钢筋弯曲机操作要点及安全技术要求

（1）使用钢筋弯曲机弯曲钢筋时，工作台和弯曲机台面应保持水平。

（2）操作前要对机械各部件进行全面检查以及试运转，并查点齿轮、轴套等备件是否齐全。

（3）要熟悉倒顺开关的使用方法以及所控制的工作盘旋转方向，使钢筋的放置方向与工作盘旋转方向一致，不得放反。

（4）使用钢筋弯曲机时，由于中心轴和成型轴同时转动，就会带动钢筋向前滑移。所以，钢筋弯曲点线的划法虽然是与手工弯曲一样，但在操作时放在工作盘上的位置就不同了。因此，在钢筋弯曲前，应先做试弯以摸索规律。

（5）根据钢筋直径和所要求的圆弧弯曲直径大小选择中心轴和轴套。

（6）严禁在弯曲机运转过程中更换中心轴、成型轴、挡铁轴，或进行清扫和注油。

（7）挡铁轴的直径和强度不得小于被弯钢筋的直径和强度。不直的钢筋，不得在弯曲机上弯曲。

（8）应在成型轴上加一个偏心套，以调节中心轴、钢筋和成型轴三者之间的间隙。

（9）弯曲较长的钢筋应有专人帮助扶持，帮助人员应听从指挥，不得任意推送。

4. 钢筋弯曲成型的质量检查与管理

（1）质量要求。

1）成型后的钢筋要求形状正确，平面上无凹凸、翘曲不平现象，弯曲点处无裂缝，对于Ⅱ级及Ⅱ级以上的钢筋，不能弯过头再弯过来。

2）Ⅰ级钢筋末端应作 180°弯钩，其弯弧内直径不应小于钢筋直径的 2.5 倍，弯钩的弯后平直部分长度不应小于钢筋直径的 3 倍。用于轻骨料混凝土结构时，其弯弧内直径不应小于钢筋直径的 3.5 倍。

3）当Ⅱ级钢筋按设计要求弯 90°时，其最小弯弧内直径 D 应符合下列要求：当 $d \leqslant 16mm$ 时，$D=5d$；当 $d \geqslant 16mm$ 时，$D=7d$。

4）当温度低于-20℃时，严禁对低合金钢筋进行冷弯加工，以避免在钢筋起弯点发生强化，造成钢筋脆断。

　　5）弯曲钢筋弯折处圆弧内半径应大于12.5倍钢筋直径。

　　6）用圆钢筋制成的箍筋，其末端应有弯钩；弯钩平直部分长度，对一般结构不宜小于箍筋直径的5倍，对有抗震等要求的结构不应小于箍筋直径的10倍。

　　7）钢筋加工的形状与尺寸应符合设计要求，其偏差应符合表3-2的规定。

表3-2　　　　　　　　　　　　　　　加工后钢筋的允许偏差

项　　目		允　许　偏　差
受力钢筋全长净尺寸的偏差		±10mm
箍筋各部分长度的偏差		±5mm
钢筋弯起点位置的偏差	厂房构件	±20mm
	大体积混凝土	±30mm
钢筋转角的偏差		3°

　　（2）成品管理。

　　1）弯曲成型好了的钢筋必须轻抬轻放，避免摔地产生变形；经过验收检查合格后，成品应按编号拴上料牌，并应特别注意，勿使短钢筋的料牌遗漏。

　　2）清点某一编号钢筋成品无误后，在指定的堆放处要按编号分隔整齐堆放，并标识所属工程名称。

　　3）非急用于工程上的钢筋成品应堆放在仓库内，仓库应防雨防水，地面保持干燥，并做好支垫。

　　4）与安装班组联系好，按工程名称、部位及钢筋编号，依需用顺序堆放，防止先用的被压在下面，使用时因翻垛而使已成型的钢筋产生变形。

第五节　钢　筋　冷　拉

　　钢筋冷拉是指在常温下以超过钢筋屈服强度的拉应力强力拉伸钢筋，使钢筋产生塑性变形（拉长），而使钢筋的屈服点和抗拉强度显著提高的方法。

　　冷拉钢筋的目的是：①钢筋经过冷拉后，除强度有所提高外，其长度也都会有不同程度的伸长，从而达到节约用钢筋的目的；②钢筋冷拉时，铁锈可自动脱落，同时钢筋被调直，简化了操作工艺；③钢筋冷拉，可使强度不均一的钢筋达到均一的强度，同时淘汰了不合格品；④由于强度提高，塑性降低，变形减小，能限制受拉混凝土的裂缝开展宽度。

　　冷拉Ⅰ级钢筋可用于钢筋混凝土结构中的受拉钢筋，冷拉Ⅱ级、Ⅲ级钢筋主要用于预应力混凝土结构中的预应力钢筋。

一、冷拉控制方法

　　冷拉控制的目的是保证钢筋冷拉后强度有所提高，同时又具有一定的塑性。钢筋冷拉根据控制方法不同分为单控制冷拉和双控制冷拉。

　　（一）单控制冷拉

　　单控制冷拉就是在钢筋冷拉时只控制钢筋冷拉率的冷拉方法。冷拉率是指钢筋被拉后所增加的长度与钢筋原来长度之比的百分比。单控制冷拉操作简单，就是将钢筋拉到一定长度后，将拉力保持 1～2min，然后放松夹具，取出钢筋。

单控制冷拉的优点是设备简单，并能做到等长或定长要求；但对材质不均匀或混批的钢筋，经过冷拉后所提高的屈服强度是不一样的。

（二）双控制冷拉

双控制冷拉就是在钢筋冷拉时既控制冷拉率又控制钢筋的冷拉应力的冷拉方法。这两者以控制冷拉应力为主，同时对冷拉率加以控制。冷拉应力是指冷拉时的拉力与钢筋截面积的比值。

双控制冷拉法的优点是钢筋冷拉后的屈服点较为稳定，不合格的钢筋容易发现。因此，在条件许可的情况下，钢筋冷拉应尽量采用双控制冷拉。

二、冷拉工艺及安全设备

冷拉工艺主要有两种，一种是采用卷扬机带动滑轮组装置系统作为冷拉动力的机械式冷拉工艺；另一种是采用长行程（1500mm 以上）的专用液压千斤顶和高压油泵作为冷拉动力，配合台座机构进行冷拉的一种液压冷拉工艺。此外，还有阻力轮冷拉工艺和丝杆冷拉工艺。

（一）卷扬机冷拉

1. 主要设备

（1）电动卷扬机。它是系统的动力装置，冷拉工艺一般采用电动慢速卷扬机。

（2）冷拉滑轮组。它是改变力的大小和方向配合电动卷扬机工作的主要附属装置。

（3）回程装置。它是使冷拉滑轮组在钢筋冷拉完毕后回到冷拉前初始位置的装置。

（4）冷拉夹具。它是夹紧冷拉钢筋的器具。常用的夹具有：楔块式夹具、偏心夹具、槽式夹具。

（5）测力器。它是控制钢筋冷拉应力的装置。主要有以下几种：千斤顶、弹簧测力器、电子秤测力器、拉力表。

（6）地锚。它是固定电动卷扬机、滑轮组以及钢筋夹具的装置。

卷扬机冷拉工艺有四种方案，如图 3-23 所示。冷拉细钢筋和中粗钢筋宜选用图 3-23（a）、（b）所示的方案，冷拉粗钢筋宜选用图 3-23（c）、（d）所示的方案。

2. 系统特点

卷扬机双控冷拉系统适应性强，设备简单，维修费用少，不仅能进行钢筋的双控制冷拉，也能进行单控制冷拉，还可以按照要求任意调节冷拉率和冷拉控制应力。如果工艺布置合理，效率是很高的，而且劳动强度也很低。

3. 操作要点

（1）冷拉每批钢筋前，要根据冷拉控制应力调整好自动控制测力装置；同时，要以试验确定的冷拉率计算钢筋伸长值，在标尺上作出明显标志，以便进行长度控制。

（2）根据欲冷拉的钢筋长度以及端部状况，选好长度合适的钢筋拉杆和相应的夹具。

（3）把已经对焊好的钢筋放在冷拉线上就位固定，一端夹在冷拉小车夹具上，另一端夹紧在拉杆的夹具上。

（4）开动卷扬机，当钢筋受到一定数值的初应力（约 10%～20% 的冷拉控制应力）

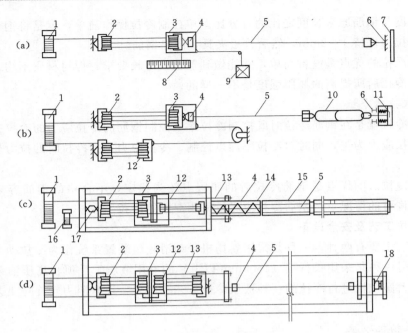

图 3-23　卷扬机冷拉工艺布置图

1—卷扬机；2—滑轮组；3—冷拉小车；4—钢筋夹具；5—钢筋；6—地锚；7—防护壁；8—标尺；
9—回程荷重架；10—连接杆；11—弹簧测力器；12—回程滑轮组；13—传力架；14—钢压柱；
15—槽式台座；16—回程卷扬机；17—电子秤；18—液压千斤顶

并被拉直时，立即刹车，在标尺上做好标志，以此作为测量钢筋伸长值的起点。

（5）再开动卷扬机，当冷拉应力达到所要求的数值时，测力装置便自动停车；或观察千斤顶压力表读数达到规定数值时立即停车。保持荷载片刻后，测量钢筋的冷拉伸长值，然后放松到初应力状态，测定钢筋的弹性回缩值。

（6）测力的千斤顶布置在固定端时，为了节省观测人力并使读数准确，亦可将压力表、油泵移到冷拉端，由开卷扬机的人一并观测操作。

（二）液压千斤顶系统冷拉

1. 主要设备

系统主要由长行程的冷拉专用液压千斤顶和配套使用的高压油泵、承力结构、夹具等组成，如图 3-24 所示。

2. 系统特点

这种冷拉工艺系统具有工艺布置紧凑、工效高、劳动强度小、操作平稳、能正确测定冷拉率和冷拉控制应力和没有过多附属设备的优点，适用于短线台座、单根或成束、施工现场临时性冷拉 20mm 以上钢筋使用。

3. 操作要点

（1）由于专用液压千斤顶行程长，要求安装精确，必须使受力轴线与千斤顶的轴线相重合。

（2）冷拉钢筋和降压回程时，都要保持平稳、均匀、徐缓和无冲击力。

（3）千斤顶在开始工作时或在使用过程中，如发现混入气体，应空运 1～2min 以排

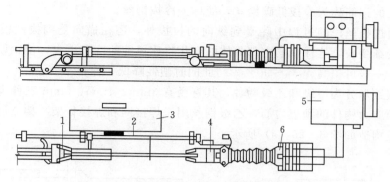

图 3-24　液压千斤顶粗钢筋冷拉工艺布置图

1—末端挂钩夹具；2—翻料架；3—装料小车；4—前端夹具；5—泵阀控制器；6—液压冷拉机

除油缸内的气体。

（4）应根据使用情况定期进行维修保养，如发现漏油、工作表面刮伤等现象，应停止使用，进行维修。

（5）注意冷拉过程中冷拉伸长值和控制应力的测量准确性，并做好记录。

三、冷拉钢筋的质量控制及安全技术

（一）冷拉钢筋的质量及验收

冷拉钢筋的质量验收应符合下列规定：

（1）应分批验收，每批由不大于 20t 的同级别、同直径冷拉钢筋组成。

（2）钢筋表面不得有裂纹和局部颈缩。作预应力钢筋的应逐根检查。

（3）冷拉钢筋的机械性能指标应符合冷拉钢筋的力学性能指标。

（4）冷拉钢筋进行冷弯试验后，不得有裂纹、鳞落或断裂现象。

（5）预应力钢筋应先对焊后冷拉，以免因焊接而降低冷拉后的强度，并可检验对焊接头质量。如焊接接头被拉断，可重新焊接后再拉，但不得超过两次。

（6）钢筋经过冷拉后，表面容易锈蚀，要特别注意冷拉钢筋的防锈工作。

（二）钢筋冷拉的安全要点

（1）冷拉前首先检查冷拉设备能力与钢筋的冷拉力是否相适应，不允许设备超载冷拉。

（2）要经常检查冷拉地锚是否稳固，卷扬机、信号装置、钢丝绳、夹具、滑轮组等是否正常，在冷拉操作前排除不安全因素。

（3）冷拉线两端必须设置安全防护装置，以防止因钢筋拉断或夹具滑脱飞出伤人。严禁其他人员站在冷拉线两端，或跨越、触动正在冷拉的钢筋。

（4）整个冷拉操作过程应统一指挥，操纵员要根据讯号开车、停车。

第六节　钢　筋　冷　拔

钢筋冷拔是在常温下，将直径 6～8mm 的Ⅰ级光圆钢筋，以强力拉拔的方式通过比钢筋直径小 0.5～1mm 的钨合金拔丝模，把钢筋拔成强度高、规格小的钢丝的方法。这种经冷拔加工的钢筋称为冷拔低碳钢丝，简称为冷拔钢丝。

钢筋在通过拔丝模的过程中除受到纵向的拉拔外，还在横向受到拔丝模强大的冷压力，使钢筋变细变长，这样钢筋内部晶体的变化将比单纯的冷拉更大，使钢筋冷拔后的强度大幅提高，一般可提高 40%～90%，与此同时塑性降低，伸长率变小。

冷拔低碳钢丝分为甲级和乙级两种，其直径有 3mm、4mm、5mm 三种规格。甲级钢丝主要用于预应力构件的预应力筋，乙级钢丝用于焊接网和焊接骨架、架立筋、箍筋和构造筋。拔丝模构造如图 3-25（a）所示。

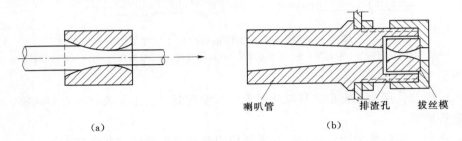

喇叭管　　　　排渣孔　拔丝模

（a）　　　　　　　　　　　　　　（b）

图 3-25　拔丝模的构造与装法

（a）拔丝模构造；（b）拔丝模装在喇叭管内

一、冷拔钢丝的加工方法

钢筋冷拔工艺流程为：除锈→轧头→拔丝。

（一）除锈

盘圆钢筋表面常有一层氧化铁锈层，硬度高，极易磨损拔丝模孔。由于拔丝模孔损坏后会使钢丝表面产生沟痕或其他缺陷，甚至造成断丝。因此，盘圆钢筋冷拔前必须经过除锈处理。

除锈一般采用机械方法，将钢筋通过 2～3 个上下交错排列的辊轮，钢筋经反复弯曲后锈层即能碎裂剥落。

（二）轧头

由于拔丝模孔内径小于钢筋直径，为使钢筋能顺利穿过拔丝模，钢筋端头要用轧头机轧细。轧头机构造如图 3-26 所示。

轧头机内有上下一对轧轮，两个轧轮上有不同直径的半圆槽。钢筋被放入对应直径的圆槽内反复轧压就被轧细。轧压长度约 200mm，轧压后的直径要比拔丝模孔小 0.5～0.8mm。一般每道冷拔前均需轧头。

（三）拔丝

拔丝时先将拔丝模装在润滑材料盒内，安装在拔丝机机架上，将已轧细的钢筋端头穿过拔丝模孔，嵌入链条夹具中夹紧，固定好链条的另一端，在拔丝壳内接通冷却水后即可进行拔丝操作。

钢筋拔丝机按构造分为立式和卧式两种，每一种又有

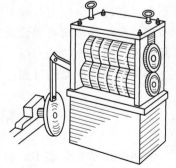

图 3-26　钢筋轧头机

单卷筒和双卷筒之分，如图3-27、图3-28所示。立式拔丝机占地少，机械卸丝，多用于拔细丝，适合用于工厂拔丝。卧式拔丝机具有结构简单，人工卸丝方便的特点，适合用于施工工地拔粗丝或长度较大的盘圆钢筋拔丝。

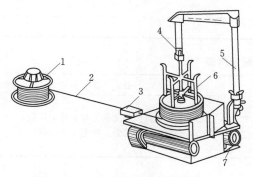

图3-27 立式单卷筒拔丝机

1—盘圆架；2—钢筋；3—拔丝模；4—滑轮；
5—支架；6—绕丝筒；7—电动机

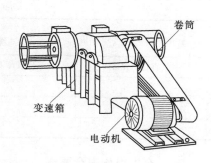

图3-28 卧式双卷筒拔丝机

拔丝模是拔丝机中的重要部件，它是采用硬质合金制成，耐热耐磨。为了减少拔丝力和模孔损耗，要求模孔的磨光度高，且锥度适当。模孔的直径有多种规格，应根据所拔的钢丝适当压缩后的直径选用，拔最后一道的模孔直径宜比产品钢筋直径小0.1mm，以保证钢丝的规格。

为了使钢筋能顺利地进入拔丝模，并在拔丝的过程中排除残渣，宜在拔丝模的钢筋入口处装设喇叭管，在喇叭管下部设有排渣口，如图3-25（b）所示。

二、冷拔钢筋的质量检验

（一）外观检验

从每批冷拔丝中抽取5％的盘数（但不少于5盘）作外观检验，要求钢丝表面无砂孔、无伤痕和裂纹、没有粘油和光滑等，并用卡尺检验钢丝的直径是否合乎要求，成品钢丝的直径偏差应符合表3-3要求。

表3-3　　　　　　　　　　　　冷拔钢丝直径允许偏差

钢丝直径（mm）	直径允许偏差（mm）	备　注
3	+0.06	检验时应同时测量冷拔丝两个垂直方向的直径
4	+0.08	
5	+0.10	

（二）机械性能试验

外观检验合格后，采用逐盘或分批抽样的方法作抗拉强度及伸长率试验。如采用逐盘检验，可在一盘（指一盘盘条拔成的钢丝）任何一端取样一根做试验。取样时，应将冷拔丝端头截去30cm后再取试件，试件长为30～35cm（视试验机夹头长度而定）。根据试验结果，按表3-4要求确定其抗拉强度和组别；按表3-5的要求判别其伸长率是否合格。

表 3-4   逐盘检验时甲级冷拔钢丝抗拉强度指标   单位：MPa

钢丝直径（mm）	Ⅰ组	Ⅱ组	Ⅲ组
3	750	700	650
4	700	650	600
5	650	600	550

表 3-5   冷拔钢丝伸长率最低限值

钢丝直径（mm）	伸长率最低限值（%）	备　注
3	1.0	①伸长率在抗拉强度同一根试件上测定；
4	2.0	②伸长率测量的标距一律为100mm
5	2.5	

三、冷拔操作安全要点

（1）在操作前，要检查机械各传动部件是否正常，各个电气开关是否良好、灵敏，卡具、链条是否完好，防护装置是否完整，并按规定按期加润滑油。

（2）轧头作业时，操作人员的手和轧辊应保持 30～50cm 的距离，由大到小逐级轧压，不准轧压超过机械规定直径的钢筋，不得用手直接接触钢筋和滚筒。

（3）不得超量缩减模具孔径，要选用符合要求的拔丝模，并注意拔丝模的正反面不要放错。拔丝模放入拔丝盒内后，将上、下卡板用螺母拧紧，不得松动。

（4）拔丝卷筒用链条挂料时，操作人员必须离开链条甩动的范围。要慢速开车逐渐加快，如发现钢丝断料，应立即停车，待拔丝卷筒运转惯性基本停止，方可用手接料和装拆链条卡具。不允许在拔丝机正常运转时，用手取拔丝卷筒周围的物件，以防断料伤人。

（5）当钢筋末端通过拔丝模后，应立即脱开离合器，同时用手闸挡住钢筋末端，避免钢筋末端弹出伤人。

（6）拔丝过程中，当出现断丝或钢筋打结乱盘时，应立即停机，待处理完毕后，方可开机。

第七节   钢筋加工操作技能训练实例

一、配料单识读训练实例

（一）训练内容

识读表 3-6 某工程钢筋混凝土简支 L_1 梁的配料单。

（二）要点提示

（1）钢筋配料单的内容包括工程及构件名称、钢筋编号、钢筋简图及外形尺寸、钢筋规格、加工根数、下料长度、重量等。

（2）构件配筋图中注明的尺寸一般是指钢筋外轮廓尺寸（也称外皮尺寸），即从钢筋外皮到外皮量得的尺寸。

（3）钢筋在弯曲后，外皮尺寸长，内皮尺寸短，中轴线长度保持不变。按钢筋外皮尺寸总和下料是不准确的，只有按钢筋的轴线尺寸下料加工，才能使加工后的钢筋形状、尺寸符合设计要求。

表 3-6　　　　　　　　　　　　　　L₁ 梁 配 料 单

构件名称	钢筋编号	简　　图	符号	直径 (mm)	下料长度 (mm)	单位根数	合计根数	重量 (kg)
L₁ 梁（共 5 根）	①	6190	Φ	20	6440	2	10	158.80
	②	6190	Φ	12	6340	2	10	56.30
	③	775　635　3740　635　775	Φ	20	6770	1	5	83.47
	④	275　635　4740　635　275	Φ	20	6770	1	5	83.47
	⑤	462　212	Φ	6	1398	32	160	49.66

（4）钢筋的下料长度为各段外皮尺寸之和减去弯曲处的弯曲调整值，再加上两端弯钩增加长度。

（三）训练要求

（1）个人独立完成。

（2）根据钢筋简图及外形尺寸计算钢筋下料长度，复核配料单中数据。

（四）识读步骤

（1）①钢筋为直径 20mm 的Ⅰ级钢筋，是直线钢筋，直线段长度为 6190mm，两端为 180°的弯钩，每根梁有 2 根①钢筋，总共有 10 根。

$$钢筋下料长度＝外皮尺寸＋弯钩增加长度$$
$$＝6190＋2×6.25×20＝6440 （mm）$$

（2）②钢筋为直径 12mm 的Ⅰ级钢筋，是直线钢筋，直线段长度为 6190mm，两端为 180°的弯钩，每根梁有 2 根②钢筋，总共有 10 根。

$$钢筋下料长度＝外皮尺寸＋弯钩增加长度＝6190＋2×6.25×12＝6340 （mm）$$

（3）③钢筋为直径 20mm 的Ⅰ级钢筋，是弯起钢筋，中间直线段长度为 3740mm，两端平直部分长度为 775mm，斜段为 45°弯曲角，长为 635mm，两端为 180°的弯钩，每根梁有 1 根③钢筋，总共有 5 根。

$$钢筋下料长度＝外皮尺寸＋弯钩增加长度－弯曲调整值$$
$$＝（3740＋2×775＋2×635）＋2×6.25×20－4×0.5×20$$
$$＝6560＋250－40＝6770 （mm）$$

（4）④钢筋为直径 20mm 的Ⅰ级钢筋，是弯起钢筋，中间直线段长度为 4740mm，两端平直部分长度为 275mm，斜段为 45°弯曲角，长为 635mm，两端为 180°的弯钩，每根梁有 1 根④钢筋，总共有 5 根。

钢筋下料长度＝外皮尺寸＋弯钩增加长度－弯曲调整值

$$= (4740+2\times275+2\times635)+2\times6.25\times20-4\times0.5\times20$$
$$=6560+250-40=6770 \text{ (mm)}$$

（5）⑤钢筋为直径 6mm 的Ⅰ级钢筋，是梁的箍筋，末端为 135°的弯钩，一根梁有 32 根⑤钢筋，总共有 160 根。

箍筋下料长度＝箍筋外周长＋箍筋调整值

$$=2\times(462+212)+50=1398 \text{ (mm)}$$

二、钢筋调直训练实例

（一）训练内容

钢筋的人工调直。

（二）准备要求

（1）材料：1～2m 长的φ10 钢筋（局部弯折、不直）数根。

（2）设备：工作台、铁砧。

（3）工具：平头横口扳子、锤子。

（三）训练要求

个人独立完成钢筋调直工作。

（四）质量标准

钢筋在工作台上可以滚动。

（五）操作步骤

（1）将钢筋弯折处放在卡盘上扳柱间，用平头横口扳子将钢筋弯曲处基本扳直。也可以手持直段钢筋处作为力臂，直接将钢筋弯曲处放在扳柱间扳直。

（2）将基本扳直的钢筋放在铁砧上，用锤子将慢弯处敲直。

（六）质量自检和老师专检

（1）对照质量标准，学生对所完成的产品进行自检，有问题的应及时加以修正。

（2）实习指导老师进行质量专检，填写成绩评定表。

（七）注意事项

（1）正确执行安全技术操作规程。

（2）做好安全和劳动保护工作，避免出现工伤事故。

（3）文明施工，做到工作地整洁，工件、工具摆放整齐。

三、箍筋制作训练实例

（一）训练内容

用φ钢筋制作 400mm×150mm（内皮尺寸）箍筋 1 只，箍口平直部分长 10d，箍筋弯钩的弯折角为 135°。

（二）准备要求

（1）材料：φ6 线材 1 根，长 1.5m。

（2）设备：手动切断机、工作台。

（3）工具：手摇扳手、2m 盒尺、量角器、三角板、粉笔及铁钉。

（三）训练要求

个人独立完成下料和制作。

（四）质量标准

（1）钢筋的断口不得有马蹄形或弯曲现象。

（2）钢筋的内皮尺寸用尺量要满足要求（±5mm）。

（3）将加工好的钢筋放在工作台上，量钢筋与台面之间的空隙要满足要求（±5mm）。

（4）用量角器测量箍筋的方正度要满足要求（±3°）。

（五）操作程序

（1）钢筋下料。按箍筋的下料长度1200mm切断钢筋。

（2）钢筋弯曲成型。操作前，首先要在工作台上以拟弯扳柱为量度起点，在手摇扳的左侧工作台上标出钢筋1/2长（600mm）、箍筋长边内侧长（400mm）、短边内侧长（150mm）3个标志，钉上小钉，如图3-29所示。

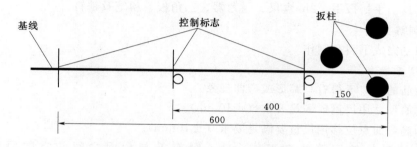

图3-29 箍筋控制线（单位：mm）

弯曲成型步骤如图3-19所示，分为5个步骤：

第一步，在钢筋的1/2位置处弯折90°。

第二步，将弯曲后的钢筋逆时针转动90°，钢筋的内缘紧靠左侧短边控制线（小钉）弯折短边90°。

第三步，将弯曲后的钢筋逆时针转动90°，钢筋的内缘紧靠左侧长边控制线（小钉）弯长边135°弯钩。

第四步，将弯曲后的钢筋反转180°，钢筋的内缘紧靠左侧长边控制线（小钉）弯折长边90°。

第五步，将弯曲后的钢筋逆时针转动90°，钢筋的内缘紧靠左侧短边控制线（小钉）弯短边135°弯钩。

（六）质量自检和老师专检

（1）对照质量标准，学生对所完成的产品进行自检，有问题的应及时加以修正。

（2）实习指导老师进行质量专检，填写成绩评定表。

（七）注意事项

（1）正确执行安全技术操作规程。

（2）做好安全和劳动保护工作，避免出现工伤事故。

（3）文明施工，做到工作地整洁，工件、工具摆放整齐。

四、弯起钢筋制作训练实例

（一）训练内容

用φ12钢筋制作如图3-30所示弯起钢筋1根。钢筋下料长度为2862mm。

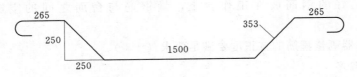

图3-30 弯起钢筋（单位：mm）

（二）准备要求

（1）材料：φ12线材1根，长度3m。

（2）设备：手动切断机、工作台。

（3）工具：手摇扳手、2m盒尺、量角器、三角板、粉笔及铁钉。

（三）训练要求

个人独立完成下料和制作。

（四）质量标准

（1）钢筋的断口不得有马蹄形或弯曲现象。

（2）钢筋尺寸用尺量要满足要求（±10mm）。

（3）钢筋弯曲点位移用尺量要满足要求（±10mm）。

（4）将加工好的钢筋放在工作台上，量钢筋与台面之间的空隙要满足要求（±5mm）。

（5）用量角器测量钢筋的弯曲角度要满足要求（±3°）。

（五）操作程序

（1）钢筋下料。按钢筋的下料长度2862mm切断钢筋。

（2）划线。如图3-31所示，将钢筋的各段长度划在钢筋上。

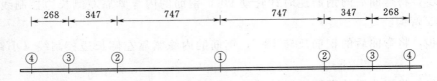

图3-31 划线（单位：mm）

第一步，在钢筋中心线上划上第一道线。

第二步，取中段 $1500/2-0.5d/2=750-0.5\times12/2=747$（mm），划第二道线。

第三步，取斜段 $353-2\times0.5d/2=353-2\times0.5\times12/2=347$（mm），划第三道线。

第四步，取直段 $265-0.5d/2+0.5d=265-0.5\times12/2+0.5\times12=268$（mm），划第四道线。

（3）钢筋弯曲成型。钢筋弯曲成型如图3-20所示分为6个步骤。

第一步，按第四道弯曲点线弯一端的180°弯钩。

第二步，钢筋往右移动至第三道弯曲点线上，弯一端的第一个45°弯钩。

第三步，钢筋往右移动至第二道弯曲点线上，反向弯一端的第二个45°弯钩。

第四步，将钢筋掉过头来弯另一端的180°弯钩。

第五步，重复第二步操作。

第六步，重复第三步操作。

（六）质量自检和老师专检

（1）对照质量标准，学生对所完成的产品进行自检，有问题的应及时加以修正。

（2）实习指导老师进行质量专检，填写成绩评定表。

（七）注意事项

（1）正确执行安全技术操作规程。

（2）做好安全和劳动保护工作，避免出现工伤事故。

（3）文明施工，做到工作地整洁，工件、工具摆放整齐。

习　　题

一、问答题

1. 为什么钢筋加工前必须调直？

2. 钢筋调直机的工作原理是什么？

3. 为什么要进行钢筋除锈？

4. 电动除锈机的工作原理是什么？

5. 钢筋手工弯曲成型具有哪些特点？

6. 手摇扳由哪几部分组成？

7. 钢筋机械弯曲成型具有哪些特点？

8. 钢筋弯曲机的工作原理是什么？

9. 钢筋冷拉的作用是什么？

10. 钢筋冷拉的主要设备有哪些？

11. 钢筋冷拔操作工艺流程有哪些步骤？

12. 钢筋冷拔的安全技术要求有哪些？

二、填空题

1. 钢筋调直有：人工调直和（　　）两种方法。

2. 钢筋在调直机上调直后，其表面伤痕不得使钢筋截面积减少（　　）。

3. 手工除锈方法有：（　　）、砂堆、麻袋砂包和砂盘擦锈。

4. 机械除锈时，操作人员必须扎紧袖口，戴防尘口罩、手套以及（　　）。

5. 为保证断料准确，钢筋和切断机刀口要（　　）。

6. 切断量大，批量生产的情况下适合（　　）切断。

7. 手摇扳是手工弯制（　　）钢筋的主要工具。

8. 钢筋扳子和（　　）配合使用。

9. 划线工作宜从钢筋（　　）开始向两端进行。

10. 弯曲成型时应尽可能将（　　）作为最后一个弯曲顺序。

11. Ⅰ级钢筋末端180°弯钩圆弧内直径不应小于钢筋直径的（　　）倍。

12. 钢筋冷拔的工艺流程为：除锈、（　　）和拔丝。

三、判断题

1. 细钢筋可以采用蛇形管调直。（　　）

2. 钢筋调直机同时具有调直、除锈和切断三项功能。（　　）

3. 钢筋除锈工作应在调直前、弯曲前进行。（　　）

4. 机械除锈时操作人员站在除锈机正前方送料。（　　）

5. 手工切断钢筋速度快，工效高。（　　）

6. 配料单中下料长度一栏可以照抄材料表上的长度。（　　）

7. 钢筋弯曲成型后可以不用拴料牌。（　　）

8. 手工弯曲与机械弯曲的划线方法不一样。（　　）

9. 机械弯曲成型时弯曲点线与扳柱的位置关系和手工弯曲成型时一样。（　　）

10. 手工弯曲时扳子部分不可碰扳柱。（　　）

11. 划线时弯曲调整值是从相邻两段长度中各扣一半。（　　）

12. 冷拉Ⅰ级钢筋主要用于钢筋混凝土结构中的预应力钢筋。（　　）

四、名词解释

1. 钢筋调直。

2. 划线。

3. 钢筋冷拉。

4. 单控制冷拉。

5. 双控制冷拉。

6. 钢筋冷拔。

五、简答题

1. 简述细钢筋绞磨拉直的操作方法。

2. 简述粗钢筋人工调直的操作方法。

3. 钢筋切断前要做哪些准备工作？

4. 钢筋手工切断的方法有哪些？

5. 简述钢筋划线的方法。

6. 钢筋冷拉控制的目的是什么？

7. 简述冷拔钢筋外观检验要求。

第四章 钢 筋 连 接

在工程施工中，当钢筋的长度不够时就需要进行连接。钢筋连接分焊接连接、机械连接和绑扎连接三类。焊接接头不但质量好，而且节约钢材。在钢筋加工中，应优先采用焊接接头。但在加工设备受到限制的情况下，绑扎接头仍是普遍采用的方法。钢筋机械连接是通过连接件的机械咬合作用或钢筋端面的承压作用，使两根钢筋能够传递力的连接方法。钢筋机械连接接头质量可靠，现场操作简单，施工速度快，无明火作业，不受气候影响，适应性强，而且可用于可焊性较差的钢筋。

第一节 钢筋的焊接连接

一、焊接连接

焊接是钢筋连接最常用的一种连接方式。它具有连接强度高，节省钢材的优点。在钢筋焊接施工中，主要有钢筋的闪光对焊、电阻点焊、电弧焊、电渣压力焊、气压焊等方法。焊接连接最重要的是要确保焊接的质量，每批钢筋焊接前，应进行现场焊接性能试验，合格后方可正式进行焊接。

（一）焊前准备

焊前准备工作的好坏直接影响焊接质量，为了防止焊接头产生夹渣、气孔等缺陷，在焊接区域内，钢筋焊接施工之前，应清除钢筋、钢板焊接部位以及钢筋与电极接触处表面上的锈斑、油污、杂物等；当钢筋端部有弯折、扭曲时，应予以调直或切除。

（二）焊接工艺试验

在工程开工正式焊接之前，参与该项施焊的焊工，应进行现场条件下的焊接工艺试验，并经试验合格后，方可正式生产。试验结果应符合质量检验与验收时的要求。

采用施工相同条件进行焊接工艺试验，以了解钢筋焊接性能，选择最佳焊接参数，以及掌握承担施工的焊工的技术水平。每种牌号、每种规格钢筋至少做1组试件。若第一次未通过，应改进工艺，调整参数，直至合格为止。采用的焊接工艺参数应做好记录，以备查考。

接头试件力学性能试验（拉伸、弯曲、剪切等）结果应符合质量检验与验收时的要求。

（三）焊接电源电压

进行电阻点焊、闪光对焊、电渣压力焊时，应随时观察电源电压的波动情况。当电源电压下降大于5％、小于8％时，应采取提高焊接变压器级数的措施；当大于或等于8％时，不得进行焊接。在现场施工时，由于用电设备多，往往造成电压降较大。为此要求焊接电源的开关箱内，装设电压表，焊工可随时观察电压波动情况，及时调整焊接参数，以保证焊接质量。

二、焊接方法

（一）闪光对焊

钢筋闪光对焊是将两根钢筋安放成对接形式，利用对焊机使两端钢筋接触，通过低电压的强电流使两钢筋的接触点产生电阻热熔化金属，并产生强烈飞溅，形成闪光，待钢筋被加热到接近熔点时，迅速施加顶锻压力，使两根钢筋焊接在一起，形成对焊接头。图 4-1 是钢筋闪光对焊工作原理图，闪光对焊是目前建筑工程中大批采用的接头焊接方法，它具有成本低、质量好、效率高的优点。

钢筋闪光对焊又有：连续闪光焊、预热闪光焊和闪光—预热—闪光焊。对Ⅳ级钢筋有时在焊接后还进行通电热处理。

1. 闪光对焊工艺

根据钢筋品种、直径和所用焊机功率大小选用连续闪光焊、预热闪光焊、闪光—预热—闪光焊。对于可焊性差的钢筋，对焊后宜采用通电热处理措施，以改善接头塑性。

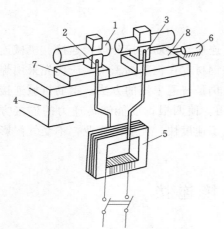

图 4-1　钢筋闪光对焊工作原理
1—焊接的钢筋；2—固定电极；3—可动电极；
4—机座；5—变压器；6—平动顶压机构；
7—固定支座；8—滑动支座

（1）连续闪光焊。在对焊机的电极钳口上夹紧钢筋并通电后，使对焊钢筋端面轻微接触，此时端面的间隙中即喷射出火花般熔化的金属微粒，形成闪光，接着徐徐移动钢筋使两端面仍保持轻微接触，形成连续闪光。当闪光到预定的长度，使钢筋端头加热到将近熔点时，就以一定的压力迅速进行顶锻，再断电顶锻到一定长度，焊接接头即告完成。

（2）预热闪光焊。在连续闪光焊接之前，再增加一个钢筋预热过程，以扩大焊接热影响区。在对接焊接机的电极钳口上夹紧钢筋并通电后，开始以较小的压力使两端钢筋的端面交替地接触、分开，这时钢筋端面的间隙中即发生断续的闪光而形成预热过程，预热后，随即进行连续闪光和顶锻。工艺过程包括一次闪光、预热、二次闪光及顶段等过程。

（3）闪光—预热—闪光焊。在预热闪光焊接前再增加一次闪光过程，使不平整的钢筋两端先变成比较平整的端面，再进行预热、闪光及顶锻过程。

（4）焊后预热处理。对于 HRB500 级钢筋，应用预热闪光焊或闪光—预热—闪光焊工艺进行焊接。当接头拉伸试验结果发生脆性断裂，或弯曲试验不能达到规定要求时，应在焊接机上进行焊后热处理，热处理工艺方法如下。

1）待接头冷却至常温，将电极钳口调整至最大距离，重新夹紧。

2）采用较低的变压器级数，进行脉冲式通电加热；每次脉冲循环包括通电时间和间歇时间宜 3s。

3）焊后热处理温度应在 750～850℃（橘红色）范围内选择，随后在环境温度下自然冷却。

2. 闪光对焊的技术参数选择

主要参照所用焊接的技术指标并根据规范的建议，来确定初步的焊接参数，但在目前以手动操作作为主的对焊机中，对焊参数的选择仍需要焊工在实践中摸索、掌握。

（1）调伸长度。调伸长度指钢筋焊接前两根钢筋端部从电极钳口伸出的长度。调伸长度中包含有闪光留量、预热留量、顶锻留量。调伸长度的选择，应随着钢筋级别的提高和钢筋直径的加大而增长。当焊接Ⅲ级、Ⅳ级钢筋时，调伸长度应取 40～60mm（若长度过小，向电极散热增加，加热区变窄，不利于塑性变形，顶锻时所需压力较大；当长度过大时，加热区变宽，若钢筋较细，容易发生旁弯）。

（2）闪光留量。闪光留量指钢筋在闪光过程中，由于"闪"出金属所消耗的钢筋长度，也称为烧化留量。闪光留量与焊接的工艺有关，采用连续闪光焊接时，烧化过程应较长（以获得必要的加热）。闪光留量应等于两根钢筋在断料时切断机刀口严重压伤部分（包括端面的不平整度），再加 8mm。

采用闪光—预热—闪光焊时，应区分一次闪光留量和二次闪光留量。一次闪光留量等于两根钢筋在断料时切断机刀口严重压伤部分，二次闪光留量不应小于 10mm。

（3）预热留量。预热留量指预热过程所耗用的钢筋长度。其值随钢筋直径增大而增大，一般预热闪光焊的预热留量为 4～7mm，闪光—预热—闪光焊的预热留量为 2～7mm。宜采用电阻预热法，预热次数为 1～4 次（每次 1～2mm），每次预热时间为 1.5～2s，间隔时间为 3～4s。

（4）顶锻留量。顶锻留量指在闪光过程结束时，将钢筋顶锻压紧后接头处挤出金属而导致消耗的钢筋长度。其值一般为 4～10mm，并应随钢筋直径的增大和钢筋级别的提高而增加（在顶锻留量中，有电顶锻留量约占 1/3，无电顶锻留量约占 2/3，有电、无电顶锻过程，一般根据经验或限位开关等机构自动切断电源来控制）。焊接Ⅳ级钢筋时，顶锻留量宜增大 30%。

（5）闪光速度。闪光速度也叫烧化速度，是指闪光过程的速度。闪光速度随着钢筋直径的增大而降低。在闪光过程中闪光速度由慢到快，一般控制在 2.0mm/s 以下，这样闪光才比较强烈，以便保护焊接金属免受氧化。

（6）顶锻速度。顶锻速度是指在挤压钢筋接头时的速度。顶锻速度应该是越快越好，特别是顶锻开始的 0.1s 内应将钢筋压缩 2～3mm，以使焊口迅速闭合，保护焊缝金属免受氧化。在焊口紧密封闭之后，应在压缩量不小于 6mm/s 的速度下完成整个顶锻过程。

（7）顶锻压力。顶锻压力是将钢筋接头压紧所需要的挤压力。他随钢筋直径增大而增大。

（8）变压器级数。变压器级数用以调节通过钢筋端部的焊接电流大小。变压器级数应根据钢筋级别、直径、焊机容量以及焊接工艺等具体情况选择。一般焊接钢筋直径较大时，选择的变压器级数要高（但焊接时如火花过大并有强烈声响，则应降低变压器级数）。焊接钢筋直径较小，焊工操作技术较为熟练时，可以采用较高的变压器级数，这样可以缩短焊接时间，提高焊接生产效率。对Ⅲ级、Ⅳ级钢筋宜采取较低的变压器级数，以利改善接头性能。

3. 闪光对焊注意事项

(1) 对焊前应清除钢筋端头约 150mm 范围的铁锈污泥等，防止夹具和钢筋间接触不良而引起"打火"。钢筋端头有弯曲应予调直及切除。

(2) 当调换焊工或更换焊接钢筋的规格和品种时，应先制作对焊试件（不小于 2 个）进行冷弯试验，合格后，方能成批焊接。

(3) 焊接参数应根据钢种特性、气温高低、电压、焊机性能等情况由操作焊工自行修正。

(4) 焊接完成，应保持接头红色变为黑色才能松开夹具，平稳地取出钢筋，以免引起接头弯曲。当焊接后张预应力钢筋时，焊后趁热将焊缝毛刺打掉，利于钢筋穿入孔道。

(5) 不同直径钢筋对焊，其两截面之比不宜大于 1.5 倍。

(6) 焊接场地应有防风防雨措施，以免接头区骤然冷却发生脆裂。

(7) 出现异常现象或焊接缺陷时，可按表 4-1 查找原因和采取措施，及时清除。

表 4-1　　　　　　　　　　钢筋对焊异常现象、焊接缺陷及防止措施

序号	异常现象和缺陷种类	防 止 措 施
1	烧化过分剧烈，并产生强烈的爆炸声	(1) 降低变压器级数； (2) 减慢烧化速度
2	闪光不稳定	(1) 清除电极底部和表面的氧化物； (2) 提高变压器级数； (3) 加快烧化速度
3	接头中有氧化膜、未焊透或夹渣	(1) 增加预热程度； (2) 加快临近顶锻时的烧化速度； (3) 确保带电顶锻过程； (4) 加快顶锻速度； (5) 增大顶锻压力
4	接头中有缩孔	(1) 降低变压器级数； (2) 避免烧化过程过分强烈； (3) 适当增大顶锻留量及顶锻压力
5	焊缝金属过烧	(1) 减小预热程度； (2) 加快烧速度，缩短焊接时间； (3) 避免过多带电顶锻
6	接头区域裂缝	(1) 检验钢筋的碳、硫、磷含量；若不符合规定时，应更换钢筋； (2) 采用低频预热方法，增加预热程度
7	钢筋表面微溶及烧伤	(1) 清除钢筋被夹紧部位的铁锈和油污； (2) 清除电极内表面的氧化物； (3) 改进电极槽口形状，增大接触面积； (4) 夹紧钢筋
8	接头弯折或轴线偏移	(1) 正确调整电极位置； (2) 修整电极钳口或更换已变形的电极； (3) 切除或矫直钢筋的弯头

4. 闪光对焊接头的质检

为确保焊接质量，对焊接头应分批进行质检。检查项目包括外观检查和机械性能试验。

（1）分批。在同一班内，由同一焊工按同一焊接参数完成的 200 个同类型接头作为一批。当同一班内焊接的接头数量较少时，可在一周之内累计计算；累计如不足 200 个接头，应按一批计算。

（2）外观检查。应从每批抽查出总量的 10%，且不得少于 10 个接头作外观检查。检查结果应符合下列要求：

1）接头处不得有横向裂纹。

2）与电极接触处的钢筋表面，对 I 级、II 级、III 级钢筋，不得有明显烧伤；对于 IV 级钢筋，不得有烧伤。在负温度条件下进行闪光对焊时，对于 II 级、III 级、IV 级钢筋，均不得有烧伤。

3）接头处的弯折角不得大于 4°。

4）接头处的轴线偏移不得大于钢筋直径的 0.1 倍，且不得大于 2mm。

经过外观检查，如发现有一个接头不符合要求，就应对全部接头进行检查，剔出不合格接头，切除热影响区后重新焊接。

（3）机械性能试验。

1）取样规定。从每批接头中任取 6 个试件，其中 3 个作拉伸，3 个作弯曲。

2）拉伸试验。

a. 对试验结果的要求。3 个热轧钢筋接头试件的抗拉强度均不得低于该级别的钢筋规定的抗拉强度。此外，应至少有 2 个试件断于焊缝之外，并呈塑性断裂。

b. 评定。当试验结果有一个试件的抗拉强度低于规定值，或有 2 个试件在焊缝或热影响区发生脆性断裂时，应再取 6 个试件进行复验。复验结果仍有 1 个试件的抗拉强度低于规定值，或有 3 个试件断于焊缝或热影响区，呈脆性断裂，应确认该批接头为不合格品。

c. 弯曲试验。进行弯曲试验时，应将受压面的金属毛刺和镦粗变形部分消除，使与母材的外表齐平。试验时焊缝应处于弯曲中心点，弯心直径见表 4-2，当弯至 90°时，接头外侧不得出现宽度大于 0.15mm 的横向裂纹。

表 4-2　　　　　　　　　　弯曲试验所用的弯心直径

钢筋级别	I 级		II 级		III 级		IV 级	
钢筋直径（mm）	≤25	>25	≤25	>25	≤25	>25	≤25	>25
弯心直径	2d	3d	4d	5d	5d	6d	7d	8d

如试验结果有 2 个试件未达到上述要求，应再取 6 个试件进行复验。复验结果仍有 3 个试件不符合要求，可认定该批接头为不合格品。

（二）电阻点焊

钢筋电阻点焊是将两根钢筋安放成交叉叠接形式，压紧于两极之间，利用电阻热融化母材金属，同时加压形成焊点的一种压焊方式。它主要用于钢筋的交叉连接，如用来焊接钢筋网片、钢筋骨架等。它生产效率高，节约材料，应用比较广泛。点焊机主要由加压机构、焊接回路、电极组成，如图 4-2 所示点焊机的组成。

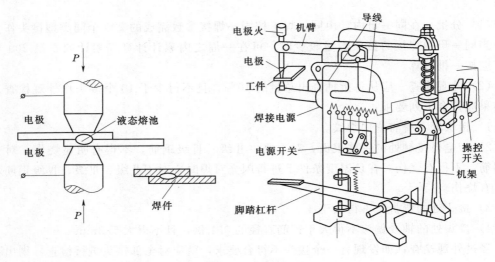

图 4-2　点焊机的组成

1. 点焊具有的特点

（1）点焊时对连接区域的加热时间很短，因而焊接速度快。

（2）点焊只消耗电能，不需要填充材料或焊剂、气体等。

（3）点焊质量主要由点焊机保证，操作简单，机械化、自动化程度高，生产效率高。

（4）工人劳动强度低，劳动条件良好。

（5）与绑扎连接相比，节约了绑扎搭接部分所消耗的钢材和铅丝。

（6）用点焊代替绑扎，成品刚性好，便于运输。

（7）由于焊接通电是在很短时间内完成的，需要用大电流及施加压力，所以点焊过程的程序控制较为复杂。焊机电容量大，设备的价格高。

（8）焊点无损检验较困难。常用点焊机有单点点焊机（可以焊接较粗钢筋）、多头点焊机（一次可焊数点，主要用于焊钢筋网）和悬挂式点焊机（电极移动而焊件固定，可焊平面尺寸大的钢筋骨架或钢筋网）。

2. 点焊操作要点

（1）焊前准备。

1）焊件表面清理。施焊之前，应将焊点部位及其附近表面上的水、锈、氧化膜、油污和有碍焊接的杂物清除掉。

2）焊件装配。

a. 装配间隙一般不超过 0.5~0.8mm。

b. 采用夹具或夹子将焊件夹牢。

c. 焊接顺序及操作技术：①所有点焊的焊点尽可能在电流分流值最小的条件下点焊；②定位焊点应选择在结构中有尺寸要求和不易变形的部位（如圆弧上、肋条附近等）；③焊件的焊接变形量应最小；④当接头的长度较长时，点焊应从中间向两端进行。

（2）电极选用。

1）平面电极。用于结构钢的点焊。工作部分的圆锥角为 15°～30°。

2）球面电极。用于铝合金的点焊。它的优点是易散热、易使核心压固，并且当电极稍有倾斜时，不致影响电流和压力的均衡分布，也不致引起内部和表面的飞溅，电极直接影响到点焊的质量，通常使用的点焊电极为锥体形，锥度为 1：5 或 1：10。

（3）选择合适的焊接参数。根据钢筋级别、直径及焊机性能等具体条件选择合适的焊接参数，如变压器级数、焊接通电时间和电极压力等。

（4）进行空载试运转。点焊机空载试运转，观察有无异常，如不正常，应对焊机各部件进行检查，并排除故障。

（5）完成焊接前的具体步骤。按选定的焊接参数插好级数调节开关上的闸刀位置，调整好控制箱上的焊接时间（包括预压、通电、锻压、休息时间），调好电极压力及电极行程，最后接通电源，进行焊接。

3. 点焊注意事项

（1）钢筋必须无锈，经常保持电极与钢筋之间接触表面良好。

（2）焊机通电后，应检查电气设备、操作机构、冷却系统、气路系统以及机体外壳有无漏电现象。

（3）焊机工作时，气路系统、水冷却系统应保持通畅无泄漏。气体必须不含水分，排水温度不应超过 40℃。

（4）焊机的轴承和气缸的活塞、衬环等应定期润滑。焊接骨架和焊接网片的点焊应符合设计及要求。设计未作规定时，钢筋的每个交叉点都应焊牢。

（5）在点焊钢筋的生产过程中，应随时检查制品的外观质量。如果发现焊接缺陷，可按表 4-3 查找原因并采取相应措施，及时消除。

表 4-3　　　　　　　　　　点焊制品焊接缺陷及防止措施

缺陷	产　生　原　因	防　止　措　施
焊点过烧	（1）变压器级数过高； （2）通电时间太长； （3）上下电极不对称； （4）继电器接触失灵	（1）降低变压器级数； （2）缩短通电时间； （3）切断电源，校正电极； （4）清理触点，调节间隙
焊点脱落	（1）电流过小； （2）压力不够； （3）压入深度不够； （4）通电时间太短	（1）提高变压器级数； （2）加大弹簧压力或调节大气压； （3）调整两电极间距离，使之符合压入深度； （4）延长通电时间
钢筋表面烧伤	（1）钢筋和电极接触表面太脏； （2）焊接时没有预压过程或预压力过小； （3）电流过大； （4）电极变形	（1）清刷电极与钢筋表面的铁锈和油污； （2）保证预压过程和适当的预压力； （3）降低变压器级数； （4）修理或更换电极

4. 点焊的质检

（1）一般规定。

1）焊接骨架和焊接网片应作形状尺寸检查、外观质量检查和强度检验。非承重的骨架和网片可只进行外观检查，不做强度检验。

2）凡钢筋级别、直径及尺寸相同的焊接骨架和焊接网应视为同一类型的制品，按每200件（焊接网尚可按30t）为一批，一周内不足200件（30t）的也按一批计算。

（2）形状尺寸检查和外观检查。

1）取样。按同一类型制品分批检查。对焊接骨架，每批抽查10%，且不得少于3件；对焊接网，每批抽查5%，且不得小于3件。

2）对焊接骨架检查结果要求：①焊点熔化金属应该均匀；②压入深度应符合要求；③每件制品的焊点脱落、漏焊数量不得超过焊点总数的4%，且相邻两焊点不得有漏焊及脱落；④焊点应无裂纹、多孔性缺陷及明显的烧伤现象；⑤应量测焊接骨架的长度和宽度、高度，并应抽查纵、横方向3～5个网格的尺寸，其允许偏差符合表4-4的规定；⑥对外观检查结果不符合上述要求时，应逐件检查，并剔出不合格品。对不合格品经整修后可提交二次验收。

表4-4　　　　　　　　　　　钢筋点焊制品外形尺寸允许偏差

测 量 项 目		允 许 偏 差（mm）
焊接网片	长度	±10
	宽度	±10
	网格尺寸	±10
焊接骨架	长度	±10
	宽度	±5
	高度	±5
骨架中箍筋间距		±10
网片两对角线之差		≤10
受力钢筋	间距	±10
	排距	±5

3）对焊接网检查结果的要求：①焊点处熔化金属应均匀；②压入深度应符合要求；③焊接网的长度、宽度及网格尺寸的允许偏差均为±10mm；网片两对角线长度之差不得大于10mm；④焊接网点交叉点开焊数量不得大于整个网片交叉点总数的1%，并且在任意1根钢筋上开焊点数量不得多于该根钢筋交叉点总数的1/2；焊接网最外边钢筋上的交叉点不得开焊；⑤焊接网组成的钢筋表面不得有裂纹、折叠、结疤、凹坑、油污及其他影响使用的缺陷；但焊点处可有不大的毛刺和表面浮锈。

（3）强度检验。

1）对焊接骨架的要求。

a.取样：试件应从每批成品中切取，切取过试件的制品应补焊同级别、同直径的钢筋，其每边的搭接长度不应小于两个孔格的长度；当所切取试件的尺寸小于规定的试件尺寸时，或受力钢筋直径大于8mm时，可在生产过程中焊接试验用网片［图4-3（a）］，从中切取试件，抗剪试件的纵钢筋长度应不小于290mm，横筋长度应不小于50mm

[图 4 - 3（b）]；拉伸试件的纵筋长度应不小于 300mm［图 4 - 3（c）］。

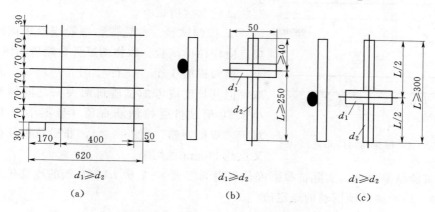

图 4 - 3　焊接试验网片图（单位：mm）

由几种钢筋直径组合的焊接骨架，应对每种组合作力学性能试验；热轧钢筋的焊点应作抗剪试验，试件应为 3 件；冷拔低碳钢丝焊点除作抗剪实验外，尚应对较细钢丝作拉伸试验，试件应各为 3 件。

b. 对试验结果的要求：焊点的抗剪强度试验结果应符合表 4 - 5 的规定；拉伸试验要求实际抗拉强度值不得低于表 4 - 6 中乙级冷拔低碳钢丝的规定值。试验结果中如有 1 个试件达不到上述要求，应取 6 个抗剪试件或 6 个拉伸试件对该项目进行复验。若复验结果仍有 1 个试件达不到上述要求，则应确认该批制品为不合格品。对不合格品，经采取补强处理后，可提交二次验收。

表 4 - 5　　焊　点　抗　剪　力　指　标

钢筋种类	较细钢筋的直径（mm）							
	3	4	5	6	6.5	8	10	12	14
Ⅰ级钢筋				6.64	7.8	11.81	18.46	26.58	36.17
Ⅱ级钢筋						16.84	26.31	37.89	51.56
冷拔低碳钢丝	2.53	4.49	7.02						

表 4 - 6　　冷拔低碳钢丝的力学性能

钢丝级别	直径（mm）	抗拉强度（MPa）		伸长率（%）	反复弯曲（180°）次数不少于
		Ⅰ组	Ⅱ组		
		不小于			
甲	4	700	650	2.5	4
	5	650	600	3	
乙	3～5	550		2	

若模拟试件试验结果达不到规定要求，则复验应从成品中切取；试件数量和要求应与初始试验时相同。

2）对焊接网的要求。

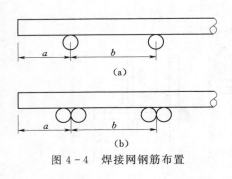

图 4-4   焊接网钢筋布置

a. 试验项目。力学性能试验应包括拉伸试验、弯曲试验和抗剪试验。

b. 拉伸试验。冷轧带肋钢筋或冷拔低碳钢丝的焊点应作拉伸试验。取样的试件数量应为纵向钢筋 1 个，横向钢筋 1 个；试件按图 4-3（c）的试样切取，但其长度应考虑试验机两夹头之间的间距不应小于 20 倍试件受拉钢筋直径（且不小于 180mm）；对于"双根钢筋"（图 4-4），非受拉钢筋应在离交叉点约 20mm 处切断。

拉伸试验结果要求，实际抗拉强度值不得低于表 4-7 中 LL550 级的冷轧带肋钢筋或表 4-6 中乙级冷拔低碳钢丝的规定值。

表 4-7   冷轧带肋钢筋的力学性能

强度等级代号	屈服强度（MPa）	抗拉强度（MPa）	伸长率（%）		冷弯 180°；D 为弯心直径；d 为钢筋公称直径
			σ_{10}	σ_{100}	
		不小于			
LL550	500	550	8	—	$D=3d$
LL650	520	650	—	4	$D=4d$
LL800	640	800	—	4	$D=5d$

c. 弯曲试验。冷轧带肋钢筋的焊点应作弯曲试验。取样的试件数量应为纵向钢筋 1 个，横向钢筋 1 个；在"单根钢筋"焊接网中，试件应取钢筋直径较粗的 1 根，而在"双根钢筋"焊接网中，试件应取双根钢筋中的 1 根；试件长度不小于 200mm。

试验时，弯曲试件的受弯曲部位与交叉点的距离应不小于 25mm；当弯曲至 180°时，其外侧不得出现横向裂纹。

d. 抗剪试验。冷轧带肋钢筋或冷拔低碳钢丝的焊点应作抗剪试验。取样的试件数量应为 3 个；试件应沿同一横向钢筋任意切取，其受拉钢筋为纵向钢筋；对于"双根钢筋"，非受拉钢筋应在焊点外切断，且不应损伤受拉钢筋焊点。

抗剪试验结果，3 个试件实际抗剪力的平均值应符合如下式要求：

$$F \geqslant 0.3A_0\sigma_s$$

式中 F——实际抗剪力，N；

A_0——较粗钢筋的横截面面积，mm²；

σ_s——相应种类钢筋（钢丝）规定的屈服强度，MPa，对冷轧带肋钢筋，取表 4-7 之值（LL550 级的取 500MPa）；对冷拉低碳钢丝，取表 4-6 的 550MPa 乘以 0.65，即 360MPa。

（4）评定。当焊接网的拉伸试验、弯曲试验的结果不符合时，应从该批焊接网中再切取双倍数量试件进行不合格项目的检验；复验结果合格时，应确认该批焊接网为合格品。

焊接网的抗剪试验结果按平均值计算，如果不合格，应在取样的同一横向钢筋上所有交叉焊点取样检查；当全部试件平均值合格时，应确认该批焊接网为合格品。

（三）电弧焊

电弧焊是以焊条为一极，焊件为另一极，利用电流通过时产生的高温电弧，将焊条与焊件在电弧燃烧范围内熔化，熔化了的金属焊丝流入焊缝，冷凝后形成焊缝接头。

电弧焊是广泛应用于钢筋搭接接长、焊接钢筋骨架、钢筋与钢板的链接以及装配式结构接头焊接等的一种熔焊方法。电弧焊又分为帮条焊、搭接焊、坡口焊和熔槽焊圆种接头形式。

电弧焊的主要设备是电焊机（也叫弧焊机），工地上常用的主要是交流弧焊机，如 BX1—330、BX1—400、BX1—500 等。

电弧焊使用的焊条牌号见表 4-8。其中"E"表示焊条，后面的前两位数字表示焊熔敷金属抗拉强度的最小值（以 kgf/mm^2 记），第三位数字表示焊条的焊接位置，"0"及"1"表示焊条适用于全位置焊接（平、立、仰、横焊），"2"表示焊条适用于平焊及平角焊，"4"表示焊条适用于向下立焊，第三位和第四位数字组合时表示焊接电流种类及药皮类型。重要结构中的钢筋焊接，应采用低氢型碱性焊条（有低氢钠型和低氢钾型），并应按焊条说明的要求进行烘烤后使用。

表 4-8　　　　　　　　　　　　　　电弧焊焊条牌号选用

钢筋级别	电弧焊接头形式			
	帮条焊焊接	熔槽帮条焊、坡口焊 预埋件穿孔塞焊	窄间隙焊	预埋 T 型角焊 钢筋与钢板搭接焊
Ⅰ	E4303	E4303	E4316，E4315	E4303
Ⅱ	E4303	E5003	E5016，E5015	E4303
Ⅲ	E5003	E5503	E6016，E6015	—

1. 电弧焊接头的主要形式

（1）搭接焊。主要适用于直径 10～22mm 的Ⅰ～Ⅲ级钢筋及 5 号钢钢筋，其接头如图 4-5 所示。搭接焊接头的钢筋需要先将端部进行弯折，使两段钢筋焊接后仍维持其轴线位于一条直线上，不致发生偏心受力现象。搭接焊应尽量采用双面焊，不能进行双面焊时，也可采用单面焊。

搭接焊的接头长度，按表 4-9 取用。图 4-6 为其焊缝尺寸示意图，对于搭接焊，焊缝高度不小于钢筋直径的 0.3 倍，且不得小于 4mm；焊缝宽度不小于钢筋直径 0.7 倍，且不得小于 10mm。

对于直径为 10mm 或 10mm 以上的热轧钢筋，其接头采用搭接、帮条焊时应符合以下要求。

1）搭接焊接头的两根搭接钢筋端部应弯折，弯折的角度应保证搭接后两根钢筋的轴线在同一直线上。在大体积混凝土中，直径不大于 25mm 的钢筋搭接时，钢筋轴线可错开一倍钢筋直径，采用直条搭接焊。

表 4-9　钢筋搭接（帮条）长度

钢筋级别	焊缝型形	搭接（帮条）长度
Ⅰ	单面焊	≥8d
	双面焊	≥4d
Ⅱ、Ⅲ	单面焊	≥10d
	双面焊	≥5d

2）当钢筋和钢板焊接时，焊缝高度应为被焊接钢筋直径的 0.35 倍，并不小于 6mm；

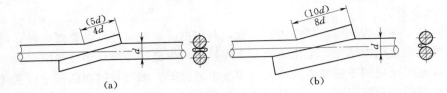

图 4-5　搭接接头
(a) 双面焊缝；(b) 单面焊缝

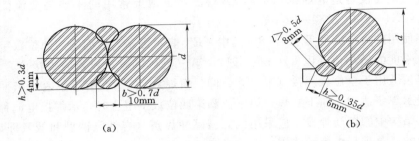

图 4-6　焊缝尺寸
(a) 钢筋与钢筋接头；(b) 钢筋与钢板接头

焊缝宽度应为被焊钢筋直径的 0.5 倍，并不小于 8mm。

　　搭接焊施工时先用两点定位焊加以固定，定位焊缝至少距端部 20mm 以上。正式焊接时，引弧应在搭接钢筋的一端开始，收焊接时，应在搭接钢筋端头上，弧坑应填满。为了保证焊缝与钢筋熔合良好，第一层焊缝要有足够的熔深，主焊缝与定位焊缝良好地熔合，焊缝表面平顺，无明显的气孔、咬边和夹渣，更不得有裂缝；为了防止过热，应该几个接头轮流施焊。对于Ⅱ级、Ⅲ级钢筋的焊接接头，应采用两端往中间施焊的焊接顺序，以利消除淬硬，提高接头塑性。

　　搭接焊所用的焊条直径和焊接电流可参考表 4-10 选用。在一般情况下，宜采用较大的焊接电流，以增大熔化深度和提高焊接效率。

表 4-10　　　　　　　　　　　　钢筋搭接（帮条）焊焊接参数

焊接位置	钢筋直径（mm）	焊条直径（mm）	焊接电流（A）
平焊	10～22	3.2～4	90～180
	25～40	4～5	180～240
立焊	10～22	3.2～4	80～150
	25～40	4～5	120～170

　　(2) 帮条焊。帮条焊适用于直径大于 22mm 的钢筋焊接，其接头形式如图 4-7 所示。帮条可用圆钢、扁钢、角钢等材料，使帮条焊截面强度不小于焊接钢筋的截面强度。

　　帮条焊有单面帮条焊和双面帮条焊。一般尽量采用双面焊，当不能进行双面焊时，才采用单面焊。帮条长度见表 4-9。

　　对于直径为 10mm 或 10mm 以上的热轧钢筋，其接头采用帮条电弧焊时，帮条的总截面面积应符合以下要求：当主筋为Ⅰ级钢筋时，不应小于主筋截面面积的 1.2 倍；当主筋为Ⅱ级、Ⅲ级钢筋和 5 号钢筋时，不应小于主筋截面面积的 1.5 倍。为了便于施焊和使

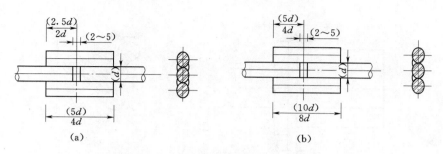

图 4-7 帮条焊接头（单位：mm）

(a) 双面焊缝；(b) 单面焊缝

帮条与主筋的中心线在同一平面上，帮条宜采用与主筋同级别、同直径的钢筋制成。如帮条与主筋级别不同时，应按设计强度进行换算。

焊缝高度、宽度、及施焊方法等有关规定均与搭接焊的要求相同。焊接电流的选择可参见表 4-10。

帮条焊两主筋之间应留 2~5mm 间隙。帮条与主筋之间用四点定位焊固定，定位焊缝应离帮条端部 20mm 以上，引弧在帮条钢筋的一端开始，收弧应在帮条钢筋端头，弧坑应填满。

Ⅱ级、Ⅲ级钢筋作为预应力主筋时，锚固端可采用帮条焊锚头，其形式见图 4-8。帮条尺寸及焊缝尺寸见表 4-11。帮条端面应平整，并与锚固板紧密接触。锚固板应与钢筋轴线相垂直，以利钢筋张拉时受力均匀，防止扭曲折断。帮条焊的焊接，应在预应力钢筋冷拉之前进行。为了防止过热和烧伤，宜由几个锚头轮流施焊。

表 4-11　　　　　　　　　　帮条尺寸及焊缝尺寸　　　　　　　　　　单位：mm

钢筋直径	帮条尺寸（根数×直径×长度）	焊缝尺寸			锚固板尺寸（厚×长×宽）
		b	h	k	
40	3×28×60	18	8	6	20×120×120
36	3×25×60	16	8	6	20×110×110
32	3×22×55	14	7	6	20×100×100
28	3×20×55	14	7	4	20×90×90
25	3×18×55	12	6	4	15×80×80
22	3×16×55	10	5	4	15×80×80
20	3×14×50	10	5	4	15×70×70
18	3×14×50	8	4	4	15×70×70
16	3×12×50	8	4	4	15×70×70
14	3×10×50	8	4	4	15×70×70
12	3×10×50	8	4	4	15×70×70

（3）坡口焊。坡口焊多用于装配式框架结构安装中的柱间节点或梁与柱的节点焊接。接头型式如图 4-9 所示。坡口焊适用于直径 16~40mm 的Ⅰ~Ⅲ级钢筋及 5 号钢钢筋，有平焊及立焊两种方式。

坡口焊所用的钢垫板厚度一般为 4~6mm，长度为 40~60mm。平焊时，垫板宽度应

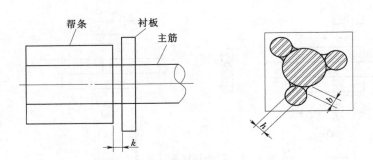

图 4-8 预应力钢筋帮条焊锚头

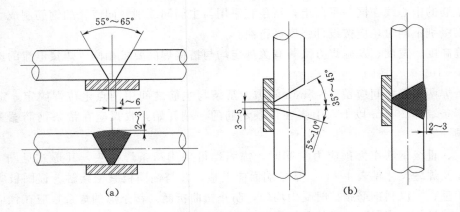

图 4-9 钢筋坡口焊接头（单位：mm）

（a）坡口平焊；（b）坡口立焊

为钢筋直径加 10mm，V 形坡口角度为 55°～65°；垫板宽度宜等于钢筋直径，坡口角度为 40°～55°，其中下钢筋为 5°～10°，上钢筋为 35°～45°。钢筋根部间隙，平焊时为 4～6mm，立焊时为 3～5mm，两种情况下最大间隙不宜超过 10mm。

1）钢筋坡口接头平焊操作要点。

a. 首先由坡口根部或垫板上引弧，并横向施焊数层，接着焊条作"之"字形运弧，将坡口逐层堆焊起来。上层和下层的起点和收尾要相互错开，焊缝高度达到钢筋直径 1/3 时，以后各层要控制好层间温度，可采用几个接头轮流施焊的方法，至焊缝略高于钢筋表面为止。

b. 当接头冷却到 150～200℃时，进行加强焊缝的焊接。加强焊缝的宽度应超过 V 形坡口边缘 2～3mm，高度宜为 2～3mm，并与钢筋平滑过渡。

c. 焊接过程中应注意清渣，若发现弧坑未填满、气孔及咬边均应进行补焊。补焊时的接头温度不得低于 150℃；Ⅱ级、Ⅲ级钢筋接头如在冷却后补焊，焊前需用氧——乙炔焰预热，焊后应进行退火处理。

2）钢筋坡口接头立焊操作要点。

a. 在下钢筋端面上或垫板上引弧，然后用较慢的横向焊缝把上下钢筋端面连接起来，并逐层进行焊接，焊缝高度达到 1/3 以后要控制好层间温度。

b. 焊接过程中要特别注意上下钢筋端面的充分熔合，焊接部分要圆，不能带棱角。

从焊缝表面到钢筋要平稳过渡，并应特别注意防止上钢筋咬边。

c. 对于柱间节点，可由两名焊工对称焊接，以减少结构变形。

钢筋坡口接头焊所用焊条直径，焊接电流等见表 4－12。

表 4－12 钢筋坡口焊焊接参数

焊接位置	钢筋直径（mm）	焊条直径（mm）	焊接电流（A）
平焊	16～40	3.2～4	140～160
立焊	16～40	3.2～4	110～140

2. 钢筋与钢板焊接

（1）T 形接头。T 形接头适用于预埋件，分角焊和穿孔塞焊两种，见图 4－10。其操作技术要求是：

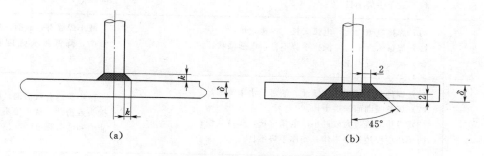

图 4－10 T 形接头

(a) 角焊；(b) 穿孔塞焊

1）钢板厚度 δ 不宜小于钢筋直径的 0.6 倍，且不应小于 6mm。

2）应采用Ⅰ级、Ⅱ级钢筋，受力锚固钢筋的直径不宜小于 8mm，构造锚固钢筋的直径不宜小于 6mm。在一般情况下，锚固钢筋直径在 18mm 以内的，可采用角焊；直径大于 18mm 的宜采用穿孔塞焊。

3）当采用Ⅰ级钢筋时，角焊缝焊脚 k 不得小于钢筋直径的 0.5 倍；采用Ⅱ级钢筋时，焊脚 k 不得小于钢筋直径的 0.6 倍，施焊中不得使钢筋咬边和烧伤。

4）质量检查与验收规定见"电弧焊接头的质检"部分。

（2）搭接接头。搭接接头如图 4－11 所示。其搭接长度的取值如下：对Ⅰ级钢筋，不得小于 $4d$；对于Ⅱ级钢筋，不得小于 $5d$。焊缝宽度 b 不得小于 $0.5d$，焊缝厚度 s 不得小于 $0.35d$（d 为钢筋直径）。

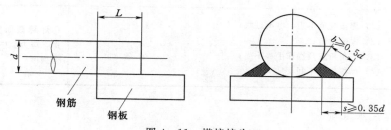

图 4－11 搭接接头

3. 焊缝缺陷及其产生的原因

焊缝缺陷根据其在焊缝中的位置，可分为内部缺陷和外部缺陷。外部缺陷位于焊缝的表面，用肉眼或低倍放大镜可以观察检查出来。例如焊缝尺寸偏差、焊瘤、咬边、弧坑及表面气孔、裂纹等。内部缺陷位于焊缝的内部，必须借助检测仪器或破坏性试验才能发现。例如，未焊透、内气孔、裂纹级夹渣等。手工电弧焊焊缝常见缺陷及其产生的原因见表4－13。

表4－13   手工电弧焊焊缝常见缺陷及其产生的原因

缺陷类别	产 生 原 因	危 害 性
尺寸偏差	(1) 焊条直径及焊接参数选择不当； (2) 坡口设计不当； (3) 运条手势不良	尺寸过小，强度降低；尺寸过大，应力集中，疲劳强度降低
咬边	(1) 焊接电流太大，电弧太长，焊速太快； (2) 焊条角度不对，操作手势不良，电弧偏吹； (3) 接头位置不正	减小焊缝有效截面，应力集中，降低接头强度和承载力
气孔	(1) 焊件表面氧化物、锈蚀、油污、水未清除； (2) 焊条吸潮而未烘干； (3) 焊接电流过大或过小，电弧过长，焊速太快； (4) 药皮保护效果不佳，操作手势不良	减小焊缝有效截面，降低接头致密性，减小接头承载能力和疲劳强度
未焊透	(1) 坡口间隙设计不良； (2) 焊条角度不正确，操作手势不良； (3) 热输入不足，电流过小，钝边太大、根部间隙太小、焊速过快； (4) 坡口焊渣、氧化物未清除	形成尖锐的缺口，造成应力集中，严重影响接头的强大、疲劳强度等
夹渣	(1) 焊件表面氧化物、层间熔渣没有清除干净； (2) 焊接电流太小、焊速太快； (3) 焊道熔敷顺序不当； (4) 运条操作不当	减小焊缝有效截面，降低接头强度、冲击韧性等
裂纹	(1) 焊件表面污染，焊条吸湿，母材级填充金属内含有较多杂质； (2) 接头惰性较大； (3) 预热及焊后热处理规范不当； (4) 焊接规范参数不当； (5) 焊接材料选择不当	焊缝金属不连续，裂纹尖端应力集中，在承受交变或冲击荷载时，裂纹迅速扩展，导致接头断裂
焊瘤	(1) 焊接规范不当，电流过大； (2) 焊速过慢； (3) 焊条角度及操作手势不当； (4) 焊接位置不利	焊缝截面突变，变成尖角，应力集中，降低接头疲劳强度

4. 电弧焊注意事项

（1）焊工必须持资格证才能上岗。

（2）帮条尺寸、坡口角度、钢筋端头间隙级钢筋轴线等均应符合有关规定。焊接接地线应与钢筋接触良好，防止因起弧而烧伤钢筋。

（3）带有垫板或帮条的接头，引弧应在钢板或帮条上进行；无钢板或无帮条的接头，引弧应在形成焊缝部位，防止烧伤主筋。

（4）根据钢筋级别、直径、接头形式和焊接位置，选择适宜的焊条直径和焊接电流，保证焊缝与钢筋熔合良好。焊接过程中及时清渣，保证焊缝表面光滑平整，加强焊缝时应平缓过渡，弧坑应填满。

5. 电弧焊接头的质量检查

（1）外观检查。钢筋电弧焊接头外观检查结果，应符合下列要求：

1）焊缝表面平整，不得有较大的凹陷、焊瘤。

2）帮条焊的帮条沿接头中心线接头处不得有裂纹。纵向偏移不得超过 4°，接头处钢筋轴线偏移不得超过 $0.1d$ 或 3mm。

3）咬边深度、气孔、夹渣等数量与大小以及接头偏差不得超过有关规定。

4）坡口焊及熔槽帮条焊接头的焊缝加强高度（即余高）为 2～3mm。

外观检查不合格的接头，经修补或补强后，可提交二次验收。

（2）强度检验。为保证电弧焊的焊接质量，试焊前，或在每次改变钢筋类别、直径、焊条牌号、调换焊工或在不利的施焊条件下时，应制作两个抗拉试件，当试验结果大于或等于该类钢筋的强度时，才允许正式施焊。对每个焊接接头必须进行外观检查，必要时，还应从成品中抽取试件，作抗拉试验。试验结果要求，3 个试件的抗拉强度均不得低于该级别钢筋规定的抗拉强度；至少有 2 个试件呈塑性断裂。

对处在有利条件下施焊的预制钢筋骨架焊缝，可不从成品中取样作拉力试验，但应严格进行外观检查。

6. 电弧焊施工操作要点

（1）进行帮条焊时，两钢筋端头之间应留 2～5mm 的间隙。

（2）进行搭接焊时，钢筋宜预弯，以保证两钢筋的轴线在一直线上。

（3）焊接时，引弧应在帮条或搭接钢筋一端开始，收弧应在帮条或搭接钢筋端头上，弧坑应填满。

（4）熔槽帮条钢筋端头应加工平面，两钢筋端面间隙为 10～16mm；焊接时电流宜稍大，从焊缝根部引弧后连续施焊，形成熔池，保证钢筋端部熔合良好。焊接过程中应停焊敲渣一次。焊平后，进行加强缝的焊接。

（5）坡口焊钢筋坡面应平顺，切口边缘不得有裂纹和较大的钝边、缺棱；钢筋根部最大间隙不宜超过 10mm；为了防止接头过热，应采用几个接头轮流施焊；加强焊缝的宽度应超过 V 形坡口的边缘 2～3mm。

（四）电渣压力焊

电渣压力焊是将两根钢筋安放成竖向对接的形式，利用电流通过两钢筋端面间隙，在焊接剂层下形成电弧和电渣，产生的电弧热和电阻热将钢筋端溶化，然后施加压力使钢筋焊合，图 4-12 为电渣压力焊构造图。

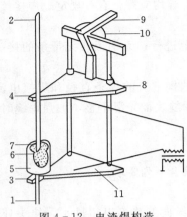

图 4-12　电渣焊构造

1、2—钢筋；3—固定电极；4—活动电极；
5—药盒；6—导电剂；7—焊药；8—滑动架；
9—手柄；10—支架；11—固定架

1．电渣压力焊的焊接工艺程序

安装焊接钢筋→安装引弧铁丝球→缠绕石棉绳装上焊剂盒→装放焊剂接通电源，"造渣"工作电压 40～50V，"电渣"工作电压 20～25V→造渣过程形成渣池→电渣过程钢筋端面溶化→切断电源顶压钢筋完成焊接→卸出焊剂拆卸焊盒→拆除夹具。

2．电渣压力焊的施工质量控制

（1）操作要点。

1）为使钢筋端部局部接触，以利引弧，形成渣池，进行手工电渣压力焊时，可采用直接引弧法。

2）待钢筋熔化达到一定程度后，在切断焊接电源同时，迅速进行顶压，持续数秒钟，方可松开操作杆，以免接头偏斜或结合不良。

3）焊剂使用前，须经恒温 250℃烘焙 1～2h。

4）焊前应检查电路，观察网路电压波动情况，如电源的电压降大于 5%，则不宜进行焊接。

（2）外观检查应符合下列要求。

1）接头焊包均匀，不得有裂纹，钢筋表面无明显烧伤等缺陷。

2）接头处的钢筋轴线偏移不得超过 $0.1d$，同时不得大于 2mm。

3）接头处弯曲不得大于 4°。

（3）基本要求。

1）焊工必须有焊工考试合格证，钢筋焊接前，必须根据施工条件进行施焊，合格后方可施焊。

2）由于钢筋弯曲处内外边缘的应力差异较大，因此焊接头距钢筋弯曲的距离，不应小于钢筋直径的 10 倍。

3）在受力钢筋采用焊接接头时，设置在同一构件内的焊接接头应相互错开。在任一焊接接头中心至长度为钢筋直径的 $35d$ 且不小于 500mm 的区段 L 内，同一根钢筋不得有两个接头。

4）对于轴线受拉、小偏心受拉杆以及直径大于 32mm 的轴心受压和偏心受压柱的钢筋接头均采用焊接。

5）对于有抗震要求的受力钢筋接头，宜优先采用焊接或机械连接。

（4）电渣压力焊常见缺陷和预防措施见表 4-14。

（五）气压焊

钢筋气压焊是采用氧乙炔火焰对两钢筋连接处加热，使之达到塑性状态后，施加适当轴向压力，从而形成牢固对焊接头的施工方法。气压焊适用于现浇钢筋混凝土中直径为 20～40mm 的Ⅰ级、Ⅱ级和部分Ⅲ级钢筋垂直、水平、倾斜位置的对接焊接。当两端钢筋直径不同时，其直径之差不得大于 7mm。图 4-13 为气压焊装置示意图。

表 4-14　　　　　　　　　　　电渣压力焊常见缺陷和预防措施表

常见焊接缺陷	防治措施	常见焊接缺陷	防治措施
轴线偏移	（1）矫直钢筋端部； （2）正确安装夹具和上部钢筋； （3）均匀加大，避免过大的顶压力； （4）及时修理或更换夹具，保证夹具完好	未焊合	（1）适当增大焊接电流； （2）合理控制焊接时间，避免焊接时间过短； （3）检修夹具，确保上钢筋下送自如
弯折	（1）矫直钢筋端部； （2）注意安装各调直、扶正上部钢筋； （3）避免焊后过早卸除夹具； （4）及时修理或更换夹具，保证夹具完好	焊包不匀	（1）钢筋端面采用切割机切断，确保端面平整； （2）均匀填装焊剂； （3）延长焊接时间，适当增加熔化量
咬边	（1）适当减少焊接电流； （2）合理控制焊接时间，避免焊接时间过长； （3）注意上钳口的起点和止点，确保上钢筋顶压到位	气孔	（1）按规定要求烘焙焊剂； （2）清除钢筋焊接部分上的铁锈； （3）确保接缝在焊剂中埋入合适的深度
		烧伤	（1）钢筋导电部位除净铁锈； （2）尽量夹紧钢筋
		焊包下淌	（1）彻底封堵焊剂筒的漏孔； （2）避免焊后过早回收焊剂

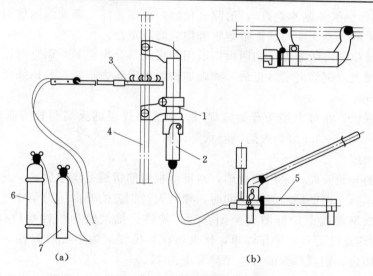

图 4-13　气压焊装置示意图

（a）竖向焊接；（b）横向焊接

1—压接器；2—顶头油缸；3—加热器；4—钢筋；5—加压器（手动）；6—氧气；7—乙炔

1. 材料要求

（1）钢筋。用于气压焊的钢筋一般为Ⅰ级钢筋或Ⅱ级钢筋。

（2）氧气。瓶装氧气（O_2）的质量应符合工业用气态氧一级的技术要求，纯度在99.5%以上。其质量应符合《工业用气态氧》（GB 3863—1995）中的技术要求。

（3）乙炔气。所使用的乙炔（C_2H_2）宜为瓶装溶解乙炔，纯度要求大于98%，其质量应符合《溶解乙炔》（GB 6819—2004）中的规定。

2. 焊接设备

（1）供气装置。包括氧气瓶、溶解乙炔气瓶、干式回火防止减压器及胶管。

（2）加热器（多嘴环管焊炬）。应具有火焰燃烧稳定、均匀、不易回火等性能，并应根据所焊钢筋的粗细、配备合理选用各种规格的加势圈。

（3）加压器（包括油缸、油泵及油管等）。其加压能力应达到现场最粗钢筋焊接时所需要的轴向压力。

（4）焊接夹具。应确保能夹紧钢筋，且当钢筋承受最大轴向压力时，钢筋与夹头之间不产生相对滑移。

（5）辅助设备。包括无齿锯（砂轮锯）角向磨光机等。

3. 操作工艺

钢筋下料宜用无齿锯，不宜使用切断机，以免钢筋端头弯折或呈马蹄形而影响焊接质量，下料时并应考虑钢筋焊接后的压缩量，每个接头的压缩量约为所焊钢筋直径的 $1\sim$ 1.5 倍。

钢筋焊接接头位置、同一截面内接头数量等尚应符合设计要求或混凝土结构工程施工与验收规范的要求。

钢筋端头处理：施焊前应用角向磨光机对钢筋端部稍微倒角，并将钢筋端面打磨平整（钢筋端面与钢筋轴线要基本垂直），清除氧化膜，露出光泽。离端面两倍钢筋直径长度范围内钢筋表面上的铁锈、油污、泥浆等附着物应清刷干净。

钢筋安装就位：将所需焊接的两根钢筋用焊接夹具分别夹紧并调整对正，两钢筋的轴线要在同一直线上。钢筋夹紧对正后，须施加初始轴向压力顶紧，两钢筋间局部位置的缝隙不得大于 3mm。

焊炬火焰调校：在每个接头开始施焊时，应先将焊炬的火焰调校为碳化焰（即还原焰，$O_2/C_2H_2＝0.85\sim0.95$），火焰的形状要充实。

钢筋加热加压：

（1）焊接的开始阶段，采用碳化焰，对准两根钢筋接缝处集中加热。此时须使内焰包围着钢筋缝隙，防止钢筋端面氧化。同时，须增大对钢筋的轴向压力至 $30\sim40MPa$。

（2）当两根钢筋端面的缝隙完全闭合后，须将火焰调整为中性焰（$O_2/C_2H_2＝1\sim$ 1.1）以加快加热速度。此时操作焊炬，使火焰在以压焊面为中心两侧各一倍钢筋直径范围内均匀往复加热。钢筋端面的合适加热温度为 $1150\sim1250℃$。

在加热过程中，火焰因各种原因发生变化时，要注意及时调整，使之始终保持中性焰，同时如果在压接面缝隙完全密合之前发生焊炬回火中断现象，应停止施焊，拆除夹具，将两钢筋端面重新打磨、安装，然后再次点燃火焰进行焊接。如果焊炬回火中断发生在接缝完全密合之后，则可再次点燃火焰继续加热、加压完成焊接作业。

（3）当钢筋加热到所需的温度时，操作加压器使夹具对钢筋再次施加至 $30\sim40MPa$ 的轴向压力，使钢筋接头墩粗区形成合适的形状，然后可停止加热。

（4）当钢筋接头处温度降低，即接头处红色大致消失后，可卸除压力，然后拆下夹具。

4. 气压焊接缺陷及防治措施

气压焊接缺陷及防治措施见表 4-15。

表 4-15 气压焊接缺陷及防治措施

焊接缺陷	产 生 原 因	防 治 措 施
轴线偏移（偏心）	（1）焊接夹具变形，两夹头不同心，或夹具刚度不够； （2）两钢筋安装不正； （3）钢筋结合端面倾斜； （4）钢筋未夹紧进行焊接	（1）检查夹具，及时修理或更换； （2）重新安装夹紧； （3）切平钢筋端面； （4）夹紧钢筋再焊
弯折	（1）焊接夹具变形，两夹头不同心； （2）平焊时，钢筋自由端过长； （3）焊接夹具拆卸过早	（1）检查夹具，及时修理或更换； （2）缩短钢筋自由端长度； （3）熄火后半分钟再拆夹具
镦粗直径不够	（1）焊接夹具动夹头有效行程不够； （2）顶压液压缸有效行程不够； （3）加热温度不够； （4）压力不够	（1）检查夹具和顶压液压缸，及时更换； （2）采用适当的加热温度及压力
镦粗长度不够	（1）加热幅度不够宽； （2）与压力过大过急	（1）增大加热幅度； （2）加压时应平稳
钢筋表面严重烧伤	（1）火焰功率过大； （2）加热时间过长； （3）加热器摆动不均匀	调整加热火焰，正确掌握操作方法
未焊合	（1）加热温度不够或热量分布不均； （2）与压力过小； （3）结合端面不洁； （4）端面氧化； （5）中途灭火或火焰不当	合理选择焊接参数，正确掌握操作方法

三、钢筋焊接安全生产规定

（1）焊机必须接地，以保证操作人员安全，对于焊接导线及焊钳接导处，都应有可靠的绝缘。

（2）大量焊接时，焊接变压器不得超负荷，变压器升温不得超过 60℃。

（3）点焊、对焊时，必须开冷却水，焊机出水温度不得超过 40℃，排水量应符合要求。天冷时应放尽焊机内存水，以免冻塞。

（4）对焊机闪光区域，须设铁皮隔挡。焊接时禁止其他人员停留在闪光区域范围内，以防火花烫伤。焊机工作范围内严禁堆放易燃物品，以免引起火灾。

（5）室内电弧焊时，应有排气装置。焊工操作地点相互之间应设挡板，以防弧光刺伤眼睛。

第二节 钢筋的机械连接

钢筋机械连接是指通过钢筋与连接件的机械咬合作用或钢筋端面的承压作用，将一根钢筋中的力传到另一根钢筋的连接方法。机械连接接头有挤压套筒连接、锥螺纹套筒连接和直螺纹套筒连接、熔融金属充填连接、水泥灌浆充填连接等。最常用的是挤压套筒连接和直螺纹套筒连接。

一、挤压套筒连接

挤压套筒连接是把两根待接钢筋的端头先插入一个优质钢套管，然后用挤压机在侧向加压数道，套筒塑性变形后即与带肋钢筋紧密咬合达到连接的目的。

二、锥螺纹连接

锥螺纹连接是用锥形纹套筒将两根钢筋端头对接在一起，利用螺纹的机械咬合力传递拉力或压力。所用的设备主要是套丝机，通常安放在现场对钢筋端头进行套丝。如图4-14所示。

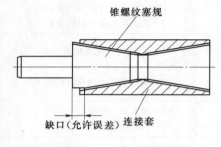

图 4-14　锥螺纹连接

图 4-15　直螺纹连接

三、直螺纹连接

直螺纹连接是近年来开发的一种新的螺纹连接方式。它先把钢筋端部镦粗，然后再切削直螺纹，最后用套筒实行钢筋对接。如图4-15所示。

1. 等强直螺纹接头的制作工艺及其优点

等强直螺纹接头制作工艺分下列几个步骤：钢筋端部镦粗、切削直螺纹、用连接套筒对接钢筋。

直螺纹接头的优点：强度高、接头强度不受扭紧力矩影响、连接速度快、应用范围广、经济、便于管理。

2. 接头性能

为充分发挥钢筋母材强度，连接套筒的设计强度大于等于钢筋抗拉强度标准值的1.2倍，直螺纹接头标准套筒的规格、尺寸见表4-16。

表 4-16　　　　　　　　　　标准型套筒规格、尺寸　　　　　　　　　　单位：mm

钢筋直径	套筒外径	套筒长度	螺纹规格
20	32	40	M24×2.5
22	34	44	M25×2.5
25	39	50	M29×3.0
28	43	56	M32×3.0
32	49	64	M36×3.0
36	55	72	M40×3.5
40	61	80	M45×3.5

3. 钢筋直螺纹接头的施工质量控制

（1）构造要求。

1）同一构件内同一截面受力钢筋的接头位置相互错开。在任一接头中心至长度为钢筋直径的 35 倍的区域范围内，有接头的受力钢筋截面积占受力钢筋总截面积的百分率应符合下列规定：①受拉区的受力钢筋接头百分率不宜超过 50%；②受拉区的受力钢筋受力较小时，A 级接头百分率不受限制；③接头宜避开有抗震设防要求的框架梁端和柱端的箍筋加密区，当无法避开时，接头应采用 A 级接头，且接头百分率不应超过 50%。

2）接头端部距钢筋弯起点不得小于钢筋直径的 10 倍。

3）不同直径钢筋连接时，一次对接钢筋直径规格不宜超过两个规格。

4）钢筋连接套处的混凝土保护层厚度除了要满足现行国家标准外，还必须满足其保护层厚度不得小于 15mm，且连接套之间的横向净距不宜小于 25mm。

（2）操作要点。

1）操作工人必须持证上岗。

2）钢筋应先调直再下料。切口端面应与钢筋轴线垂直，不得有马蹄形或挠曲。不得用气割下料。

3）加工钢筋直螺纹丝头的牙形、螺距等必须与连接套的牙形、螺距相一致，且经配套的量规检测合格。

4）加工钢筋直螺纹时，应采用水溶液切削润滑液。不得用机油作润滑液或不加润滑液套丝。

5）已检验合格的丝头应加帽头予以保护。

6）连接钢筋时，钢筋规格和连接套的规格应一致，并确保钢筋和连接套的丝扣干净完好无损。

7）采用预埋接头时，连接套的位置、规格和数量应符合设计要求。带连接套的钢筋应固定牢固，连接套的外露端应有密封盖。

8）必须用精度±5%的力矩扳手拧紧接头，且要求每半年用扭力仪检定力矩扳手一次。

9）连接钢筋时，应对正轴线将钢筋拧入连接套，然后用力矩扳手拧紧。

10）接头拧紧值应满足的规定力矩值，不得超拧。拧紧后的接头应作上标志。

第三节　钢筋的绑扎连接

绑扎连接是钢筋接头中最简单的方法。它是将钢筋按规定的搭接长度，用扎丝在搭接部分的中间与两头三点扎牢就行了。每个扎点最好用两根扎丝。

为了保证构件的受力性能，绑扎接头应符合下列规定：

（1）钢筋绑扎接头的搭接长度应符合国家规范。

（2）绑扎接头在构件中本来就是一个比较薄弱的部位，因此，应把它放在受力比较小的截面里。例如，简支梁跨度中间受力最大，绑扎接头就不能放在中间，而应放在梁两端1/3 范围内，且不宜放在弯起钢筋的弯折处。距弯折处的距离应不小于钢筋直径的 10 倍。

（3）钢筋的绑扎接头不允许集中在构件的某一截面上。按规范规定，受力钢筋的绑扎接头位置应相互错开。在受力钢筋直径 30 倍区段范围内（不小于 500mm），有绑扎接头的受力钢筋截面面积占受力钢筋截面总面积的百分率为：在受拉区不得超过 25%，在受压区不得超过 50%。在分不清受拉区和受压区的情况下，都应按受拉区的规定处理。

（4）在任何情况下，受拉钢筋的搭接长度不应小于 300mm，受压钢筋的搭接长度不应小于 200mm。

（5）绑扎接头是依靠钢筋的搭接长度在混凝土中的锚固作用来传递内力的。对于大型构件中仅仅依靠钢筋的搭接长度来传递内力是不够的，同时搭接的长度也太长，浪费钢筋太多。因此，绑扎接头的使用就要受到一定的限制。当受拉钢筋的直径 $d>28$mm 及受压钢筋的直径 $d>32$mm 时，不宜采用绑扎搭接接头。在轴心受拉和小偏心的受拉杆件（如屋架下弦杆、受拉腹杆）中以及承受中、重级工作吊车的钢筋混凝土吊车梁的受拉主筋等，一律不得采用绑扎接头。

习　题

一、判断题

1. 受力钢筋接头位置不宜位于最大弯矩处，并应相互错开。（　　）

2. 绑扎接头在搭接长度区内，搭接受力筋占总受力钢筋的截面积不得超过 25%，受压区内不得超过 50%。（　　）

3. 对焊接头作拉伸试验时，3 个试件的抗拉强度均不得低于该级别钢筋的规定抗拉强度值。（　　）

4. 钢筋对焊接头弯曲试验指标是：HPB235 级钢筋，其弯心直径为 $2d$，弯曲角度 90°时不出现断裂，在接头外侧不出现宽度大于 0.5mm 的横向裂纹为合格。（　　）

5. 热轧钢筋试验的取样方法：在每批钢筋中取任选 2 根钢筋，去掉钢筋端头 500mm。（　　）

6. 钢筋弯曲试验结构如有两个试件未达到规定要求，应取双倍数量的试件进行复验。（　　）

7. 焊接制品钢筋表面烧伤，已检查出是钢筋和电极接触面太脏，处理办法是：清刷电极与钢筋表面铁锈和油污。（　　）

8. HPB235 级钢筋采用双面搭接电弧焊时，其搭接长度为 $4d$。（　　）

9. 钢筋焊接头接头，焊接制品的机械性能必须符合钢筋焊接及验收的专门规定。其检验方法是：检查焊接试件试验报告。（　　）

10. 粗直径钢筋机械加工中最节省钢筋的是套筒挤压连接法（　　）。

二、选择题

1. 受力钢筋接头位置，不宜位于＿＿＿＿。

A. 最小弯矩处　　　　B. 最大弯矩处

C. 中性轴处　　　　　D. 截面变化处

2. 钢筋搭接，搭接处应用铁丝扎紧。扎结部位在搭接部分的中心和两端至少＿＿＿＿mm 处。

A. 1　　　B. 2　　　C. 3　　　D. 5

3. 套筒挤压连接接头，拉伸试验以_____个为一批。

A. 400　　　B. 600　　　C. 500　　　D. 300

4. 钢筋对焊接头处的钢筋轴线偏移，不得大于_____，同时不得大于 2mm。

A. 0.5d（d 为钢筋直径）　　　B. 0.3d　　　C. 0.2d　　　D. 0.1d

5. 钢筋焊接接头外观检查数量应符合如下要求_____。

A. 每批检查 10%，并不少于 10 个　　　B. 每批检查 10%，并不少于 20 个

C. 每批检查 15%，并不少于 15 个　　　D. 每批检查 15%，并不少于 20 个

6. 电渣压力焊接头处钢筋轴线的偏移不得超过 0.1 倍钢筋直径，同时不得大于_____。

A. 4mm　　　B. 3mm　　　C. 2mm　　　D. 1mm

7. 用于电渣压力焊的焊剂使用前，须经恒温烘焙_____h。

A. 6　　　B. 24　　　C. 1～2　　　D. 12

8. 对焊接头作拉伸试验时，_____个试件的抗拉强度均不得低于该级钢筋的规定抗拉强度值。

A. 4　　　B. 3　　　C. 2　　　D. 1

9. 对焊接头合格的要求有_____。

A. 接头处弯折不大于 4°，钢筋轴线位移不大于 0.5d 且不大于 3mm

B. 接头处弯折不大于 4°，钢筋轴线位移不大于 0.1d 且不大于 3mm

C. 接头处弯折不大于 4°，钢筋轴线位移不大于 0.1d 且不大于 2mm

D. 接头处弯折不大于 4°即可

10. 采用电渣压力焊时出现气孔现象时，有可能为_____引起的。

A. 焊剂不干　　　B. 焊接电流不大

C. 焊接电流小　　　D. 顶压力小

三、简答题

1. 钢筋连接有哪几种方式？

2. 钢筋焊接主要有哪几种方式？

3. 钢筋的机械连接有哪几种方式？常用的有哪几种？

4. 电弧焊出现焊点脱离形象，其产生的原因和防治措施有哪些？

5. 简述套筒挤压连接的施工方法。

第五章 钢筋绑扎与安装

钢筋的绑扎与安装是将制作好的单根钢筋按设计要求组成钢筋网或钢筋骨架的过程。它是钢筋施工的最后一道工序。钢筋安装的方法有两种：一是整装法。有的钢筋网骨架采用场外绑扎好，现场整体吊装就位。尤其对于墩、墙、板、柱及护坡面层钢筋可考虑采用整装工艺，可缩短仓内循环作业时间。二是散装法。其施工顺序是：焊接架立筋→划线分置钢筋→绑扎或焊接牢固→垫混凝土保护层→固定预埋铁件→检查校正等。在水利工程中，钢筋的绑扎与安装多采用散装法，首先现场画线应从中心点开始，向两侧按钢筋间距分线，最后校对根数。钢筋绑扎或焊接时，必须注意钢筋接头要分散布置，满足相关规定，两端应留有足够的锚固长度或搭接长度。相邻两个绑扎点丝扣的方向要交错90°。

第一节 钢筋的施工准备工作

一、施工技术准备工作

（1）了解施工场地环境，熟悉施工图纸及相关规范规定。熟悉图纸的工作应首先进行，结合结构配筋图和相关规范编制或审核配料单、逐号核对安装部位所需钢筋的位置、间距、保护层及形状、尺寸等。加强结构中的钢筋施工与有关的模板、结构安装、管道配置、混凝土浇筑方案等多方面的联系，尤其要考虑安装顺序的可行性和钢筋接头分段配置是否符合规范要求和施工方便。

（2）测量放线、高程控制，确定施工顺序、劳动组合、安全措施和有关工序的配合。

（3）清理仓面和清理钢筋，明确绑扎安装方法。

二、施工场地的准备

施工场地准备工作包括两个方面：一是安装场地的准备；二是现场钢筋堆放地点的准备。

（一）钢筋安装场地的准备

首先要查看绑扎钢筋区域内有无影响钢筋定位的建筑物或其他附属物，如沥青井、键槽、止水片、预埋件或钢筋穿过模板等，若这些设施影响到钢筋安装，则应向上级反映或同有关单位协商解决。对于混凝土浇筑仓位要弄清扎筋部位中心线、高程、轮廓点的位置，如果这些控制位置不明，则应与有关单位联系，把控制点设置好。

（二）钢筋临时堆放地点的准备

堆放场地应靠近安装地点，尽量选在比较平坦的区域，使钢筋进仓方便。但往往由于施工工种多，相互影响大，难于满足要求。堆放地点狭窄时，应仔细规划安装顺序和材料堆放顺序，重叠堆放时，先用的钢筋放在上面，后用的放在下面，中间以木料隔开。为了防止锈蚀，堆放场周围应注意排水，钢筋料堆要下垫木料防水、上盖芦席或塑料布防雨。

三、材料准备和机具准备

（一）材料准备

首先按加工配料单清点场内加工好的钢筋成品，并检查各号钢筋的配料牌绑扎是否完好，看钢号、直径、形状、尺寸及数量是否相符，清查无误后将加工好的钢筋成品，运至现场堆放。采用人工抬运时，着力点要合理，转弯和上下坡要前后照顾，不要碰撞人和其他建筑物。采用机械装运时，应把直径大的和形状简单的钢筋放在运输工具底部，避免重压变形，上、下车要轻拿轻放，并保证钢筋配料牌不掉落，不能乱抛乱丢。吊车卸料时吊点要适当。堆料时，要按照安装顺序放好。场地宽敞时，可按品种（形状、尺寸）分开堆；场地狭窄时，可分类按层堆放。对于由多根钢筋组合成的长钢筋，应在堆放钢筋时做好计划，使安装时钢筋接头错开，同一截面的接头数量能满足规定的要求。除了准备钢筋成品之外，还要准备绑扎钢筋的铅丝。因为扎丝用量大，裁剪时须精打细算。剪的太长浪费大，太短又影响绑扎质量。根据工人师傅的经验，扎丝长度可按下式计算（单位：cm）：

$$扎丝长度 = 2(大钢筋直径 + 小钢筋直径)\pi + 10$$

或

$$扎丝长度 = 1/2(大钢筋直径 + 小钢筋直径) \times 13 + 9$$

为了控制保护层厚度，要作预制砂浆垫块。砂浆垫块中埋有 V 形铁丝，在安装时铁丝绑在钢筋上，防止垫块滑动、脱落。按照保护层厚度的要求，垫块可做成 $5cm \times 5cm \times$ 保护层厚度的方块。

（二）机具准备

绑扎所用的扳子、绑扎钩、撬棍和临时加固的支撑（支架）、拉筋、挂钩等均应准备好。

设计中如果确定采用焊接骨架，或者施工过程中钢筋需要焊接，则还应做好机械准备，将电焊机运进安装场地，接通电源并安装调试好。

第二节　钢筋的绑扎接头

水工混凝土施工规范规定：直径在 25mm 以下的钢筋接头，可采用绑扎接头。但对轴心受拉、小偏心受拉构件和承受震动荷载的构件中，钢筋接头不得采用绑扎接头。

一、绑扎接头的规定

钢筋采用绑扎接头时，应符合下列规定。

（1）搭接长度不得小于表 5-1 规定的数值。

表 5-1　绑扎接头的最小搭接长度

钢筋级别	受拉区	受压区
Ⅰ级钢筋、5号钢筋	30d	20d
Ⅱ级钢筋	35d	25d
Ⅲ级钢筋	40d	30d

（2）受拉区域内的光面圆钢筋绑扎接头的末端，应做弯钩。螺纹钢筋的绑扎接头末端可不做弯钩。

梁、柱钢筋的接头，如采用绑扎接头，则在绑扎接头的搭接长度范围内应加密钢筋箍。当搭接钢筋为受拉钢筋时，箍筋间距不应大于 $5d$（d 为两搭接钢筋中较小的直径）；

当搭接钢筋为受压钢筋时，其箍筋间距不应大于 $10d$。

（3）钢筋接头应分散布置。配置在"同一截面内"的下述受力钢筋，其接头的截面面积占受力钢筋总截面面积的百分率，应符合下列规定：

1）闪光对焊、熔槽焊、接触电渣焊接头在受弯构件的受拉区，不超过 50%，在受压区不受限制。

2）绑扎接头，在构件的受拉区中不超过 25%，在受压区中不超过 50%。焊接与绑扎接头距钢筋弯起点不小于 10 倍钢筋直径，也不应位于最大弯矩处。

3）两钢筋接头相距在 30 倍钢筋直径或 50cm 以内，两绑扎接头的中距在绑扎搭接长度以内，均作为同一截面。直径不超过 12mm 的受压 I 级钢筋的末端，以及轴心受压构件中任意直径的受力钢筋的末端，可不做弯钩；但搭接长度不应小于钢筋直径的 30 倍。按疲劳验算的构件不得采用绑扎接头，如采用冷拉 IV 级钢筋，不得采用焊接接头。

4）焊接骨架和焊接网采用绑扎接头时。搭接按头不宜位于构件的最大弯矩处。

二、钢筋绑扎的常用工具

（1）绑扎钩（图 5-1）。钢筋绑扎的主要工具，一般用圆钢制成，后部加套筒或手柄便于操作。

（2）小撬杠（图 5-2）。用于调整钢筋间距，矫直钢筋的部分弯曲，以及垫保护层垫块。

（3）起拱扳子（图 5-3）。在绑扎楼板钢筋时，用于现场弯制楼板弯起钢筋。

（4）绑扎架。用来绑扎钢筋骨架时所用的支承架，可用钢管和钢筋制成。

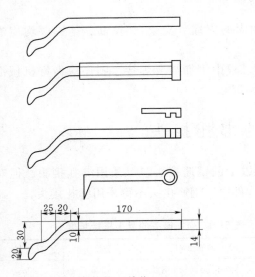

图 5-1　绑扎钩（单位：mm）

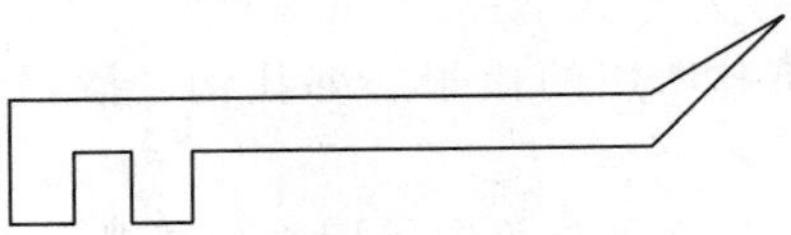

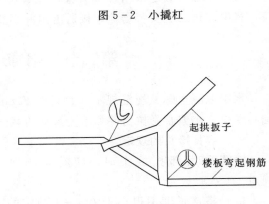

图 5-2　小撬杠

图 5-3　起拱扳子及操作

三、钢筋绑扎的操作方法

钢筋绑扎的基本操作方法见表 5-2。其中一面顺扣的操作方法使用最多。它的主要特点是操作简单、方便，绑扎效率高，通用性强。可适用于钢筋网、钢筋骨架各个部位的绑扎，并且绑扎点也比较牢靠。

表 5 - 2　　　　　　　　　钢筋绑扎的基本操作方法

名称	绑　法			名称	绑　法		
一面顺扣				兜扣			
十字花扣							
反十字花扣				缠扣			
				反十字扣法			
				套扣			

一面顺扣绑扎法的操作方法是：将切断的绑扎丝在中间完成 180°弯，并将每束绑扎丝理顺，使每根铁丝在绑扎操作时容易抽出。绑扎时，将手中的铁丝靠近绑扎点的底部，另一只手拿绑扎钩，食指压在钩的前部，用钩尖端钩着铁丝底扣处，紧靠铁丝开口端，绕铁丝扭转两圈半。在绑扎时铁丝扣伸出钢筋底部要短，并用钩尖将铁丝扣扭紧，这样可使铁丝扎得更牢，且绑扎速度快，效率高。

其余绑扎法与一面顺扣相比较，绑扎速度慢、效率低，但绑扎点更牢固，在一定间隔处可以使用。

十字花扣主要用于要求比较牢固处，如平面钢筋网和箍筋处的绑扎。

反十字花扣用于梁骨架的箍筋和主筋的绑扎。

兜扣适用于梁的箍筋转角处与纵向钢筋的连接及平板钢筋网的绑扎。

缠扣可防止钢筋下滑，主要用于墙钢筋网和柱箍，一般绑扎墙钢筋网片每隔 1m 左右应加一个缠扣，缠绕方向可根据钢筋移动情况来确定。

套扣用于梁的架立筋与箍筋的绑扎处，绑扎时往钢筋交叉点插套即可。

四、绑扎安装操作要点

（1）钢筋的交叉点都应扎牢。

（2）板和墙的钢筋网，除靠近外围两行钢筋的相交点全部扎牢外，中间部分的相交点可相隔交错扎牢，但必须保证受力钢筋不位移；如采用一面顺扣绑扎，交错绑扎扣应变换方向绑扎；对于面积较大的网片，可适当地用钢筋做斜向拉结加固双向受力的钢筋，且须将所有相交点全部扎牢。

（3）梁和柱的箍筋，除设计有特殊要求外，应与受力钢筋保持垂直；箍筋弯钩叠合处，应与受力钢筋方向错开。此外，梁的箍筋弯钩应尽量放在受压处。

（4）绑扎柱竖向钢筋时，角部钢筋的弯钩应与模板成 45°；中间钢筋的弯钩应与模板成 90°；当采用插入式振动器浇筑小型截面柱时，弯钩平面与模板面的夹角不得小于 15°。

（5）绑扎基础底板面钢筋时，要防止弯钩平放，应预先使弯钩朝上；如钢筋有带弯起直段的，绑扎前应将直段立起来，宜用细钢筋联系上，防止直段倒斜。

五、钢筋绑扎安装注意事项

（1）钢筋的混凝土保护层厚度必须符合《水工混凝土结构设计规范》（SL 191—2008）的规定。

（2）一般情况下，当保护层厚度在 20mm 以下时，垫块尺寸约为 30mm 见方；厚度在 20mm 以上时，约为 50mm 见方。

（3）混凝土保护层砂浆垫块应根据钢筋粗细和间距垫得适量可靠。竖向钢筋可采用带铁丝的垫块，绑在钢筋骨架外侧。

（4）当物件中配置双层钢筋网，需利用各种撑脚支托钢筋网片，撑脚可用相应的钢筋制成。

（5）当梁中配有两排钢筋时，为了使上排钢筋保持正确位置，要用短钢筋作为垫筋垫在两排钢筋中间。

（6）墙体中配置双层钢筋时，为了使两层钢筋网保持正确位置，可采用各种用细钢筋制作的撑件加以固定。

（7）对于柱的钢筋，现浇柱与基础连接而设在基础内的插筋，其箍筋应比柱的箍筋缩小一个直径，以便连接；插筋必须固定准确牢靠。下层柱的钢筋露出露面部分，宜用工具式箍将其收进一个柱筋直径，以利于上层柱的钢筋搭接；当柱截面改变时，其下层柱钢筋的露出部分，必须在绑扎上部其他部位钢筋前，先行收缩准确。

（8）安装钢筋时，配置的钢筋级别、直径、根数和间距应符合设计图纸的要求。

（9）绑扎和焊接的钢筋网和钢筋骨架、不得有变形、松脱和开焊。钢筋位置的允许偏差应符合《混凝土结构工程施工质量验收规范》（GB 50204—2002）中表 5.5.2 的规定。

六、钢筋绑扎的质量要求

（1）钢筋的交叉点应采用铁丝扎牢，常用绑扎铁丝的规格是 20～22 号，绑扎钢筋网片用单根铁丝，绑扎梁柱钢筋时则用双根铁丝。当绑扎直径 12mm 以下钢筋时，宜用 22 号铁丝，绑扎直径 14mm 以上钢筋时宜用 20 号铁丝。绑扎铁丝的长度一般用绑扎钩拧 2～3 圈后，铁丝出头长度留 20mm 左右为宜。

（2）板和墙的钢筋网，除靠近外围两行钢筋的相交点全部绑扎外，中间部分交叉点可间隔交错扎牢，但双向受力的钢筋网，交叉点必须全部绑扎。

梁和柱的箍筋除设计有特殊要求外，应与受力钢筋垂直设置，箍筋弯钩叠合处，在柱中应按四角错开绑扎，不要绑扎在同一根主筋上，在梁中应沿受力钢筋方向，交错绑扎在不同的架立筋上，箍筋弯钩应放在受压区。

（3）箍筋转角与钢筋的交接点均应绑扎，但箍筋平直部分和钢筋的交接点可按梅花式交错绑扎。为防止钢筋网（骨架）发生歪斜变形，相邻绑扎点的绑扣应采用相邻绑扎点反向穿铁丝的八字形扎法，如图 5-4 所示。

（4）在柱中竖向钢筋搭接时，角部钢筋的弯钩平面与模板面的夹角，对矩形柱应为 45°角，对多边形柱应为模板内角的平分线。

（5）绑扎时必须先将接头绑好，不允许接头和横筋一起绑扎。

（6）在大面积网片绑扎时，为防止歪斜，不应从头到尾逐个绑扎，而应隔几个交叉点绑一个，但四周

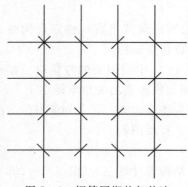

图 5-4 钢筋网绑扎扣扎法

交叉点应多绑扎，找直后再进行全部绑扎。

(7) 钢筋绑扎前，首先应根据不同的构件确定相应的绑扎顺序，特别是在一些钢筋种类、编号、数量多、形状复杂、标高层叠的结构中，更应结合具体情况，逐个编号并按顺序绑扎，以免错绑、漏绑或钢筋穿不进去造成返工，以至造成人力、材料的浪费及影响工期。

(8) 焊接骨架和焊接网采用绑扎接头时。搭接接头不宜位于构件的最大弯矩处。焊接骨架和焊接网在非受力方向的搭接长度，宜为 100mm。受拉焊接骨架和焊接网在受力钢筋方向的搭接长度，应符合现行标准的规定。受压焊接骨架和焊接网取受拉焊接骨架和焊接网的 0.7 倍。各受力钢筋之间的绑扎接头位置应相互错开。从任一绑扎接头中心至搭接长度的 1.3 倍区域内受力钢筋截面面积占受力钢筋总截面面积的百分率应符合有关规定。且绑扎接头中钢筋的横向净距不应小于钢筋直径，还需满足不小于 25mm。在绑扎骨架中非焊接接头长度范围内，当搭接钢筋受拉时，其箍筋间距不大于 $5d$，且应大于 10mm；当受压时，应不大于 $10d$，且应不大于 200mm。

第三节　各种构件内的钢筋绑扎安装

一、基础内钢筋的绑扎

(1) 四周两行钢筋交叉点应每点扎牢，中间部分交叉点可相隔交错扎牢，但必须保证钢筋不移位。双向主筋的钢筋网应将全部钢筋相交点扎牢。绑扎时应注意相邻绑扎点的铁丝扣要呈八字形，以免网片歪斜变形。

(2) 基础底板采用双层钢筋时，在上层钢筋网下面应设置钢筋撑脚或混凝土撑脚，以保证钢筋位置正确。下层钢筋的弯钩应朝上，且不要倒向一边，但双层钢筋网的上层钢筋弯钩应朝下。

(3) 独立柱基础的钢筋绑扎安装。

1) 独立柱基础为双向弯曲，其底面短边的钢筋应放在长边钢筋的上面。在现浇独立柱基础中，为了与柱中钢筋连接，基础内都有插筋，插筋位置一定要牢固，避免在浇筑基础混凝土时将插筋移动，造成柱轴线位置偏移。插筋与柱钢筋连接处的箍筋应比柱的箍筋缩小一个柱钢筋直径，以便连接。

2) 对于独立柱基础（图 5-5）钢筋绑扎安装的顺序为：基础钢筋→插筋→柱钢筋→箍筋。具体步骤：检查垫层尺寸、核对基础轴线→清扫垫层→在垫层上划钢筋位置线→摆放钢筋（从中间向两边分，将长边方向的①号钢筋放在最下面）→绑扎（先在长边方向钢筋①的上面两端绑上两根横向钢筋②，以固定纵向钢筋，再铺摆其他横向钢筋）→插筋处理（③号插筋下端用 90°弯钩与基础钢筋绑扎，然后用木条井字架将插筋固定在基础外模板上）→钢筋箍筋（先计算箍筋个数，按箍筋弯钩叠合处需要错开的规定，将箍筋④逐个整理好，套在从基础伸出的插筋上）→立柱子钢筋，与插筋接头绑好→柱子箍筋→检查后填写隐蔽工程记录。

3) 对于条形基础钢筋绑扎安装的顺序是：底板网片→条形骨架。具体步骤：立马架、钢筋架→套箍筋→纵筋、弯起钢筋、箍筋就位→绑扎→抽出马架→连接网片→画底板网片

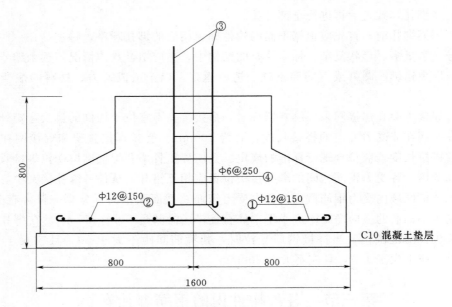

图 5 - 5   现浇独立柱基础（单位：mm）

间距→摆放下铁→绑扎→检查后填写隐蔽工程记录。

4）对于箱形基础钢筋绑扎安装的顺序是：检查垫层尺寸、核对基础轴线→清扫垫层→底板钢筋绑扎划分档标志→摆下层钢筋（按分档标志摆放）→绑扎下层钢筋→垫砂浆垫块→绑墙、柱伸入底板插筋（将预留墙、柱插筋按弹好的墙、柱位置分档摆放）→摆放钢筋支架→绑扎上层钢筋→检查后填写隐蔽工程记录→墙、柱钢筋绑扎（在浇筑底板后进行，将准备好的箍筋一次套在伸出钢筋上，再立竖筋、绑或焊好接头，再在竖筋上标档，然后按档从上往下绑扎箍筋）→墙体钢筋绑扎→附加钢筋绑扎（洞口、转角处钢筋）→垫保护层垫块→检查后填写隐蔽工程记录→顶板钢筋绑扎（墙、柱浇筑后进行，方法同底板钢筋）。

5）对于比较复杂的设备基础，钢筋的布置往往也比较复杂，这就给钢筋的绑扎安装带来了一定的困难。所以在绑扎前，一定要设计好钢筋绑扎安装的顺序（对于某些部位过长的钢筋可考虑配成搭接方式），以利绑扎安装。其次对于基础的中心线位置，基础各层标高，预埋件穿管、留洞的位置、尺寸都要合理布置，做到心中有数，以免绑扎时出错，造成漏绑扎或返工。

6）有些设备基础的面积大且比较高，故一般都配置有双向双层钢筋。为了保证上层钢筋网的位置正确，并且不致因钢筋自重产生挠曲，所以在绑扎设备基础时，可以按照上下两层网的间距设置支架，以固定上层钢筋网。支架一般用钢筋制成，支架的直径、形式和搁置间距可根据设备基础网形状决定。

二、柱钢筋的绑扎安装

（1）柱中的竖向钢筋绑扎搭接时，角部钢筋的弯钩应与模板成 45°角，中间钢筋的弯钩与模板成 90°角。如果用插入式振捣器振捣小型截面柱时，弯钩与模板的角度不得小于 15°角。

箍筋的接头（弯钩叠合处）应交错布置在四角钢筋上，箍筋转角与纵向钢筋交叉点均应扎牢（箍筋平直部分与纵向钢筋交叉点可间隔扎牢），绑扎箍筋时，绑扣向里，相互间应呈八字形。下层柱的钢筋露出楼面部分，宜用工具式柱箍将其收进一个柱筋直径，必须在绑扎梁的钢筋之前，先将尺寸收缩准确。

（2）框架梁、牛腿及柱帽等处的钢筋应放在柱的纵向钢筋内侧。

预制柱钢筋绑扎安装的顺序是：立横杆（下柱两根、牛腿 1 根、上柱 1 根）→铺立纵向钢筋→划线（把柱箍间距用粉笔划在钢筋上）→套下柱及牛腿部分的箍筋→抽换横杆→绑下柱钢筋→绑牛腿部分钢筋→绑上柱钢筋→抽取横杆（从下柱一端逐步抽取）→骨架入模→绑扎钢筋→安放垫块→检查后填写隐蔽工程记录。

现浇柱钢筋绑扎安装的顺序是：检查插筋→清理（把插筋上的铁锈、水泥浆等污垢及基层清理干净）→套入箍筋→摆放高凳及搭设架子→立主筋（先立柱子四周主筋，再立其余主筋，与插筋接头绑好，绑扣要向里，便于移动箍筋）→绑扎钢筋→安放垫层→检查后填写隐蔽工程记录。

柱端箍筋加密区长度按设计要求和规范规定。

三、梁与板钢筋的绑扎安装

（1）梁内纵向受力钢筋采用双排配筋时，两排钢筋之间应垫直径不小于 25mm 的短钢筋或水泥砂浆垫块，以保证双排配筋的设计间距，使混凝土能充分包裹住钢筋，箍筋的接头应交错布置在两根架立筋上。

（2）板的钢筋网绑扎与基础相同，但应注意板上部的负矩筋，防止被踩下，可在上部负筋下面于板之间加角铁支垫，角铁可根据板厚现场制作。特别是雨篷、挑檐、阳台等悬臂板，要严格控制负筋位置，以免拆模后断裂。

板、次梁与主梁交叉处，板的钢筋在上，次梁的钢筋居中，主梁的钢筋在下，如图 5-6 所示。当有圈梁或垫梁时，主梁的钢筋在上，如图 5-7 所示。

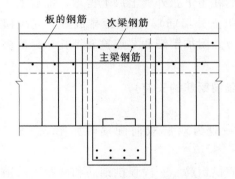

图 5-6　板、次梁与主梁交叉处钢筋

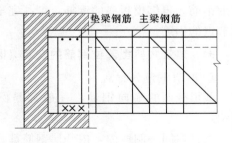

图 5-7　主梁与垫梁交叉处钢筋

框架节点处钢筋穿插十分密集时，应特别注意梁顶面主筋间的净距至少要有 30mm，以利浇筑混凝土。

（3）现浇梁施工顺序（钢筋在模内绑扎法）：在模板侧帮画好箍筋间距→放箍筋、摆主筋→穿次梁弓铁和立筋→绑扎架立筋（架立筋和箍筋用套扣法绑扎）→绑扎主筋→垫保护层垫块→检查后填写隐蔽工程记录。

梁端箍筋加密区长度：抗震等级为 1 级时，取 2h（h 为梁高）或 500mm 两者中较大值；抗震等级为 2～4 级时，取 1.5h 或 500mm 二者中较大值。

（4）现浇板施工顺序：准备工作（清扫模板上的污物、弹线或用粉笔在模板上画好主筋和分布筋间距）→摆放下层钢筋（先摆受力筋，后摆分布筋；弯钩朝上，若弯钩高度超过版面，则应将弯钩放斜，甚至放倒，以免造成露钩）→绑扎下层钢筋→摆放与绑扎负弯起钢筋→摆放钢筋支架或马登→摆放和绑扎上层钢筋网→垫保护层垫块→检查后填写隐蔽工程记录。

四、墙板钢筋的绑扎安装

（1）墙（包括水塔壁、烟囱筒身、池壁等）的垂直钢筋每段长度不超过 4m（钢筋直径不大于 12mm）或 6m（钢筋直径大于 12mm）水平钢筋每段长度不宜超过 8m，以利固定和绑扎。

（2）墙的钢筋网一般是双层双向钢筋网片，绑扎时一定要控制好混凝土保护层厚度，并应在两层网片间设置撑铁以固定钢筋间距，钢筋的弯钩应向混凝土内。

墙板施工顺序：整理伸出钢筋（清锈及污物）→绑扎钢筋及钢筋网（双层钢筋网，先绑先立模板一侧的钢筋；在横筋长度范围内先立 2～3 根竖筋，圆钢弯钩朝向混凝土，与伸出钢筋绑扎；用色笔画好横筋分档标志，在下部及 1.5m 处各绑一根横筋，固定位置，在 1.5m 处横筋上画竖筋分档标志，然后依次绑扎竖筋，最后由上往下安放绑扎其余横筋）→点焊（或绑扎）钢筋网片→垫保护层垫块→检查后填写隐蔽工程记录。

五、框架结构钢筋的绑扎安装

绑扎顺序是：先绑柱，其次是主梁、次梁、边梁，最后是楼板钢筋。绑扎方法同前述梁、板、柱。

六、屋架钢筋的绑扎安装

绑扎顺序是：先绑腹杆钢筋并放入模内，然后在上下弦外模上放上楞木，铺放上、下弦骨架主筋并按箍筋间距划线，套上箍筋（包括节点处箍筋），按间距排放好。先绑模板面的钢筋，再绑模板底的钢筋，绑扎完毕，穿入节点附加钢筋和节点箍筋绑扎，最后绑扎端节点的钢筋。

七、建筑物典型部位钢筋的安装（圆形断面隧洞钢筋的安装）

1. 隧洞钢筋的特点

圆形隧洞的横向钢筋，一般都是圆弧形，一般为双层双向配筋，如图 5-8（a）所示。

通常在同一洞段内，内外层钢筋都是由一段底拱钢筋、一段顶拱钢筋和两段边拱钢筋共四部分组成。配筋设计是根据隧洞受力情况来计算配置，一般规律是：内层顶拱、底拱钢筋的直径比较粗、而边拱钢筋的直径比较细；外层则边拱钢筋的直径粗，顶、底拱钢筋的直径细。配筋型式上，多将底拱、顶拱钢筋做成相同长度，而边拱钢筋则留有搭接长度。底拱和顶拱圆弧段钢筋的夹角多在 80°～90° 之间；而边拱钢筋夹角 100° 左右，如图 5-8（b）所示。顶拱、底拱钢筋与各边拱钢筋有两处接头。由于洞内钢筋绑扎时，工作面狭窄，且施焊操作不便，又多是立焊，进度慢。因此，底拱钢筋的接头多采用绑扎连接（大直径圆钢筋也可采用焊接连接）。顶拱钢筋接头可用绑扎连接或焊接，也可采用一边绑扎另一边焊接的方法，目的是减少接头钢筋的消耗。

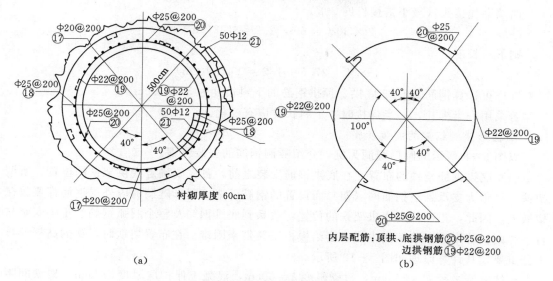

内层配筋：顶拱、底拱钢筋⑳Φ25@200
　　　　　边拱钢筋⑲Φ22@200

(a)　　　　　　　　　　　　　　(b)

图 5-8　圆形断面隧洞钢筋图

2. 圆形隧洞钢筋的计算

圆形隧洞单根钢筋的下料长度，应先根据隧洞的半径、夹角计算出它的圆弧长度，再加上弯钩和搭接长度求得下料长度。现以图 5-9 所示的钢筋举例说明。

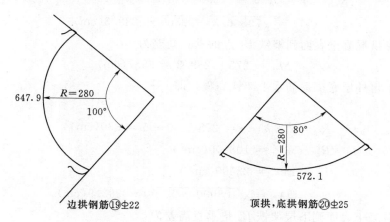

边拱钢筋⑲$\pm$22　　　　　　　顶拱，底拱钢筋⑳$\pm$25

图 5-9　圆弧钢筋（单位 cm）

图中：边拱钢筋⑲$\pm$22，混凝土保护层为 5cm，半径 $R=280$cm，夹角 $\alpha=100°$，由以下步骤求其下料长度。

弧长

$$L = \pi R \alpha / 180$$
$$= 3.14 \times 280 \times 100 / 180$$
$$= 488.4 (\text{cm})$$

弯钩增加值（手工弯钩）

$$2 \times 6.25d = 2 \times 6.25 \times 2.2 = 27.5 (\text{cm})$$

两端绑扎接头（最小搭接长度30d）

$$2 \times 30d = 60 \times 2.2 = 132 (\text{cm})$$

则下料长度

$$488.4 + 27.5 + 132 = 647.9 (\text{cm})$$

同样可计算钢筋⑳ϕ25底拱、顶拱钢筋的下料长度为572.10cm。

若采用一半绑扎，一半焊接时，下料长度应有变化。

3. 圆形隧洞钢筋的安装步骤

以图5-8所示的圆形隧洞为例，介绍隧洞钢筋的安装步骤。

(1) 底拱钢筋架铁的布置。在底拱钢筋安装之前，首先要确定底拱架铁的位置。所谓架铁，是指为支承悬空钢筋网（架）而设置的钢筋骨架。圆形隧洞的内外层钢筋都要放在架铁上，因此，正确确定底拱架铁的位置，关系到底拱钢筋及整个圆弧钢筋的正确安装与否。否则，若钢筋安装偏离中线，会给模板安装带来困难。在布置架铁时，铁的高程计算十分重要。其计算原理如图5-10所示。

已知隧洞半径$R=275$cm，衬砌厚度$h=60$cm，混凝土保护层厚度为5cm，架铁间距$L=150$cm，则按以下步骤可计算内层底拱钢筋水平架铁高程。

半径$R_1 = R + \sigma + d$（d为主筋直径）$= 275 + 5 + 2.5 = 282.5 (\text{cm})$

$$R_1^2 = 282.5^2 = 79806.3 (\text{cm}^2)$$

$$L^2 = 150^2 = 22500 (\text{cm}^2)$$

$$OA_1 = \sqrt{79806.3 - 22500} = 239.3 (\text{cm})$$

因此，底拱混凝土表面到架铁B_1点的垂直高差为

$$\Delta h_1 = 275 - 239.3 = 35.7 (\text{cm})$$

同理可求得外层底拱钢筋水平架铁高程，即

半径

$$R_2 = R + h - \sigma = 275 + 60 - 5 = 330 (\text{cm})$$

$$R_2^2 = 330^2 = 108900 (\text{cm}^2)$$

$$L^2 = 150^2 = 22500 (\text{cm}^2)$$

$$OA_2 = \sqrt{108900 - 22500} = 293.9 (\text{cm})$$

则底拱混凝土表面到下层架铁B_2垫垂直高差为

$$\Delta h_2 = 293.9 - 275 = 19 (\text{cm})$$

由计算可求出上层和下层架铁的精确高程：

上层架铁高程为底拱混凝土面高程向上量35.7cm。

下层架铁高程为底拱混凝土面高程向下量19cm。

中心架铁高程为底拱混凝土面高程向下量7.5cm。

基础开挖清基后，顺水流方向用手风钻打插筋孔（间距1～1.5m），将圆钢筋ϕ25插入孔内灌浆卡紧。两排垂直孔插筋插完后检查间距，避免因间距误差造成高程变化。检查

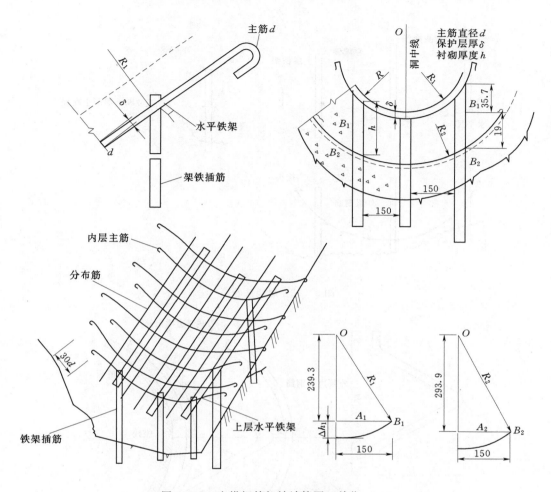

图 5-10　底拱钢筋架铁计算图（单位：cm）

无误后，即可进行顺洞线方向水平架铁的安装。

　　首先将浇筑块长度上两端面高程（混凝土表面高程）引到垂直插筋上，画好记号。顺水流方向按此高程牵通线，即可画出一排每根插筋的高程。画好高程线后，即将水平架铁焊在每根插筋上，如图 5-11 所示。先焊下层钢筋的水平架铁，绑扎外层钢筋（主筋和分布筋）；再焊上层钢筋的水平架铁，绑扎内层钢筋（主筋和分布筋）；再用点焊加固，以保持三排架铁位置不变。

　　（2）边拱、顶拱钢筋安装。底拱双层钢筋绑扎后，在全断面衬砌时，需等待洞身拱架、模板安装后，才能开始边、顶拱钢筋的安装。安装边拱钢筋的方法如图 5-12 所示。

　　即在已安装的模板上钉上抓钉，再焊上一根架立筋，使其高度与混凝土保护层厚度相同。安装边拱钢筋时，一人在下面底拱绑扎接头，一人在洞身腰线处按照排间距绑扎钢筋。安装外层钢筋时，先在内层钢筋上焊好"人"字铁，再焊水平架立筋。"人"字铁高度应满足衬砌厚度的要求。在两侧边拱、顶拱处都焊好"人"字铁和架立筋后，即可同时在两侧进行安装钢筋的操作。在施工过程中，应注意控制混凝土保护层厚度和衬砌厚度，

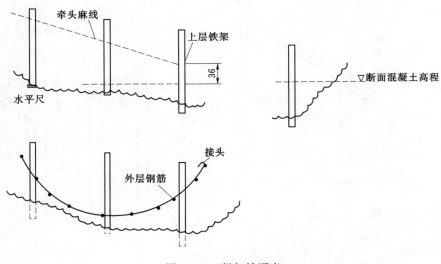

图 5-11　焊架铁顺序

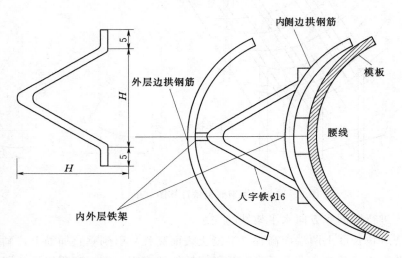

图 5-12　边拱架铁布置

全部钢筋安装完毕后，应清除杂物并绑好混凝土保护层厚度的砂浆垫块。进行检查验收工作。

第四节　预埋铁件的制作与安装

一、概述

（一）预埋铁件种类

在水工混凝土中预埋铁件数量最大、规格最多、且埋设部位最分散。水工混凝土的预埋铁件种类分为：锚固或支承用的插筋、锚筋；为结构安装支撑用的支座；起着保护作用的墩头护板；为连接和定位用的各种铁板和各种扶手、爬梯、栏杆；还有吊装用的吊环、锚环等。所有这些预埋铁件，按其施工使用时间可分为永久性的和临时性的，对铁件埋设的基本要求是安装牢固和位置准确，以保证安全和构件安装质量。

（二）铁件埋设要求

铁件埋设由于种类多，埋设地点分散，在施工时稍有疏忽，就有可能漏埋，或者埋错规格。要做到不错、不漏，正确地按图施工，首先要熟悉图纸，这是最基本的保证。其次应将铁件事先加工、分类堆放，这是很重要的一环。再编制铁件埋设部位、高程一览表，画出埋件结构尺寸示意图。根据施工进度随时提供给生产班组埋件规格、数量、埋设位置和高程，这是避免漏埋的重要的措施。

二、插筋和锚筋

（一）插筋埋设

1. 设置插筋的一般要求

设置在水工混凝土内的插筋都用钢筋制作，主要起定位的作用。

（1）按设计位置固定插筋，其埋置深度一般不小于 30 倍插筋直径（插筋直径的选择根据受力大小决定，一般选用 16～20mm）。

（2）用 3 号钢筋作插筋时，为了锚固可靠，通常需加设弯钩。

（3）对于精度要求较高的插筋，如地脚螺丝等，一期混凝土施工中往往不能确保埋设质量，可采取预留孔洞浇筑二期混凝土的方法或插筋穿入样板埋入，以保证插筋相对位置的正确。

2. 插筋埋设方法

（1）插筋埋设方法常采用的有 3 种（图 5-13），一般说来，这 3 种插筋的埋设都比较简单。

图 5-13（a）所示的插筋埋设方法优点是一次成型，不易走样；缺点是模板需钻洞，拆模比较困难，模板损坏较多。

图 5-13（b）所示的插筋埋设方法，优点是不影响模板架立，拆卸速度快，但是拆模后需要扳直插筋。如果采用把插筋绑焊在结构钢筋上，可以不位移。但若模板稍有走样时，就不易找到钢筋埋设位置。

图 5-13（c）所示的插筋埋设方法特别适用于滑动（垂直或水平）模板内埋件的埋设施工；缺点是增加了拆木盒、焊接加长和预留盒内混凝土凿毛的工作量。

实践表明，经过比较，当插筋数量很多时，建议采用如图 5-13（b）的埋设方法。

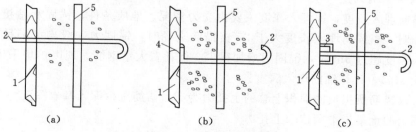

图 5-13 插筋埋设方法
1—模板；2—插筋；3—预埋木盒；4—固定钉；5—结构钢筋

采用第一种方法施工时，模板只能使用一次，而采用第三种方法施工。增加的焊接、凿毛工作量太大，影响工期，最后采用第二种方法施工。进度较快，埋设质量也满足要求。

（2）对于精度要求高的地脚螺丝的埋设，常采用以下 3 种方法，如图 5-14 所示。图 5-14（a）为样板定位，确保插筋相对位置不变。图 5-14（b）为在螺栓下端加焊钢筋支架，一直撑到老混凝土或其他紧固的基面上，以确保埋设高程，再与面层结构钢筋焊连，从而保证平面位置准确。在混凝土浇筑中还应该采取措施，避免面层结构钢筋因重压或踩动而变形。图 5-14（c）是在一次埋设精度不能满足设计要求的情况下，采用二期混凝土埋设（埋设方法将在下面详细叙述）。

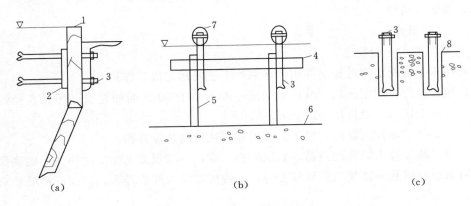

(a)   (b)   (c)

图 5-14   地脚螺栓埋设方法
1—模板；2—垫板；3—地脚螺栓；4—结构钢筋；5—支撑钢筋；6—建筑缝；7—保护套；8—钻孔

对于精度要求更高的地脚螺栓埋设，均需经过测量放样和验收两道工序特别是在混凝土浇筑过程中随时检查。

（二）锚筋设计

在水工混凝土施工中，常用锚筋来使新老混凝土接合，解决水工结构物的稳定和机械设备的固定问题。这种锚筋埋入深度较浅，一般不超过 2～3m，而用于基础边坡岩石稳定的锚筋，一般直径较粗（25～32mm），埋入深度较深（5～7.5m），俗称长杆锚筋。因此，锚筋在水利工程中应用十分广泛，锚筋布置有集中布置和均匀布置两种形式。在基础处理中采用的喷锚支护，也是在锚筋应用发展的基础上形成的一种新技术。锚筋设计主要是埋入深度和锚固力的计算。

1. 埋入深度的确定

对于锚筋埋入长度，即埋入深度主要由受力情况、地质条件、锚固和粘接强度决定。工程实践证明，当锚筋埋入长度大于 25 倍锚筋直径时，锚固力一般均可满足设计要求；当锚筋埋入深度超过 3m 时，锚固力增加很少，但耗费大量钢筋。现以护坦采用锚筋锚固为例（图 5-15），计算锚筋埋入深度。

假定每根锚筋所担负的面积上总的上托力为 P，锚筋至少深入基岩深度为 T，以利用基岩及混凝土的重量来平衡这个上托力

$$P = (13.7t + 16.7T)L^2 = pL^2 \qquad (5-1)$$

式中 P——总的上托力，kN；

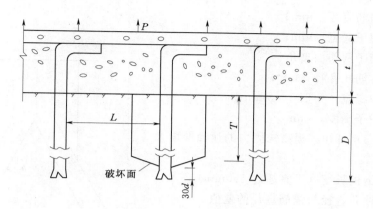

图 5-15　钢筋锚固

　　t——底板厚度，m；

　　L——锚固间距，m；

　　p——单位面积上的浮托力，kN/m^2；

　　T——深入基岩的深度，m。

　　式（5-1）中 13.7、16.7 为混凝土及基岩的浮容重（单位为 kN/m^3）。

　　由上式求出 T，再考虑锚固的安全锚固长度和考虑锚筋拔出时岩石的断裂形状（图 5-15），可知锚筋埋入深度 D 应为

$$D = T + \frac{L}{4} + 30d \tag{5-2}$$

式中　D——锚筋埋入深度，m；

　　　L——锚筋间距，m；

　　　d——锚筋直径，m。

　　为了增强锚固能力，施工中常将锚筋端部开叉（俗称"鱼尾"），插入钢楔，打入锚固钻孔内，再用水泥砂浆灌注固结。

　　钢筋锚固长度，一般应不小于表 5-3 的规定。

　　当受拉锚筋的锚固长度受到限制时，可采取增加锚固能力和抗剪能力的措施。

表 5-3　　钢 筋 锚 固 长 度

分类	螺纹钢筋	光面钢筋
受拉钢筋 $d \leqslant 16mm$ 混凝土标号 $\geqslant 200$	20d	15d 加弯钩
受拉钢筋 $d > 16mm$ 混凝土标号 < 200		20d 加弯钩
受剪锚筋		10d 加弯钩
构造预埋件钢筋		10d

　　2. "鱼尾"尺寸选择

　　为了加强锚筋的锚固能力，常在锚筋尾部开叉"鱼尾"，"鱼尾"能造成锚筋与孔壁间产生摩擦力，起锚固作用。鱼尾与孔壁的接触面积越大，其锚固性能越好。

　　"鱼尾"尺寸计算可采用式（5-3），图 5-16 为其计算简图。

$$C = \frac{L}{\tan\frac{\theta}{2}} = \frac{b - k - d_1 + d}{2\tan\frac{\theta}{2}} = h\left(1 - \frac{k + d_1 - d}{b}\right) \tag{5-3}$$

式中　C——接触面高度，mm；

d——锚筋直径，mm；

b——楔子底宽，mm；

θ——楔子两斜面夹角；

d_1——锚筋孔孔径，mm；

k——楔缝宽，一般 $2\sim5$mm；

h——楔子高度，mm。

从式（5-3）可知，提高锚固力的途径即增大 C 值的方法有：

（1）加大钢楔长度（不宜超过150mm）。

（2）减少钻孔直径与锚筋直径的差值。

（3）减少钢楔两斜面的夹角。

（4）加大钢楔厚度。

"鱼尾"长度一般按试验确定，但初步选择时，常按锚筋直径的 $3\sim5$ 倍确定其长度。根据某工地进行锚筋开叉加楔的试验，以 28mm 锚筋为例，比较合理的尺寸见表5-4。

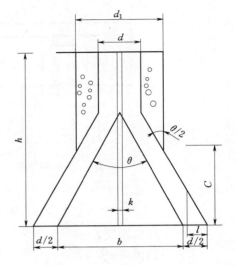

图5-16　"鱼尾"尺寸计算

表5-4　　　　　　　　　钢筋开叉、钢楔尺寸参考表（以ф28为例）

锚固开叉	d (mm)	h (cm)	d_1 (mm)	d_2 (mm)
	28	$10\sim16$	$1.1\sim1.6$	$1.1\sim1.2$

钢楔	L_2 (cm)	L_3 (cm)	d_3 (mm)	α (°)	L (cm)
	$5\sim8$	$5\sim8$	25	10	$8\sim12$

3. 锚筋材料和规格尺寸

基础锚固常用Ⅰ级钢筋加工成锚筋，为提高锚固力，其端部均开叉加钢楔。钢筋的规格尺寸，都是经过计算确定。锚筋直径一般不小于25mm、不大于32mm、较多选用28mm。

（三）锚筋埋设要求和方法

1. 埋设要求

根据计算和实践，锚筋锚固力的大小，决定了锚固与孔内砂浆结合情况、孔壁本身的强度以及砂浆与孔壁结合紧密，孔内砂浆应具有足够的强度，以适应锚筋和孔壁岩石的强度。

2. 埋设方法

锚筋埋设分先插筋后填砂浆和先灌满砂浆而后插筋两种。

　　某工程对锚筋进行试验，发生破坏的情形有以下几种：

　　（1）锚筋本身被拉断。说明锚筋埋设质量是好的，可能是锚筋直径选择不适当或钢筋材质有问题。

　　（2）锚筋与填充砂浆的接触面拉坏。这多半是砂浆标号低，锚筋埋设不正，造成偏心受拉。

　　（3）填孔砂浆与混凝土或基岩的接触面破坏。这种情况很少出现，其理由是：在一般情况下，砂浆与孔壁混凝土（或岩石）接触面粘结力大于钢筋与砂浆的粘结力。另外，砂浆与锚筋的摩擦力往往小于砂浆与混凝土（或岩石）的摩擦力。实际试验时未发生类似破坏情形。

　　（4）混凝土（或岩石）本身沿45°拉裂。当混凝土浇筑质量差，强度低，岩石节理裂缝发育时，就发生这类似破坏现象。

　　从以上几种破坏情形和试验结果可以总结出锚筋埋设的正确方法：锚筋孔位置应选择在密实的混凝土或比较完整的岩石上；要确保钻孔深度，孔内应用压力水冲洗干净，以出清水无石渣为准，并将孔内积水擦干；回填的深度一般不少于1/3孔深，并插捣密实；锚筋尽量选用螺纹钢筋，埋入孔中位置要正。以水平锚筋孔为例，其埋设程序是：①冲洗孔，吸出积水；②回填砂浆至1/2左右孔深；③锚筋插到孔底；④回填砂浆至孔口；⑤孔口加楔，锚筋定位；⑥锚筋埋后孔口要妥加保护，在1～2天内不准碰动。

　　锚筋埋设嵌固形式有4种：①锚筋无叉，孔口加楔，孔内填筑砂浆；②锚筋开叉，有楔，孔口无楔，孔内填筑砂浆；③锚筋开叉，有楔，孔口加楔，孔内填筑砂浆；④锚筋开叉，有楔，孔口加楔，孔内不填砂浆。其中采用第三种形式的工程最多。

　　长杆锚筋（大于3m）在基岩中埋设方法有：①先用压力水将孔内石渣灰粉冲洗干净，再用高压空气通过三叉吹管将孔内积水吹干；②孔内填入砂浆（先填孔深的1/3）；③搭设孔口平台，细心而稳当地把锚筋插入孔内直至设计要求埋入深度；④孔口加钢楔固定。

　　在长杆锚筋埋设中，常遇到钻孔偏斜、孔壁粗糙现象，在插入锚筋时要尽量使锚筋头不冲撞孔壁，缓慢下送，遇到阻碍要轻轻加压或反复上播下插，不宜拔得太高。当岩石破碎、节理发育而造成塌孔时，一般是拔出锚筋重新冲孔、清孔后重埋、或者硬性打入，如果塌孔严重，锚筋埋不到设计深度，而且相差较大，只有重新开孔埋设。

　　在基岩中的锚筋孔，由于渗水不断，孔内不易排干或者根本无法排干，遇到这种情况（是经常出现的）就要求锚筋端部开叉加楔、孔口加楔，同时做好施工准备，孔内刚一干净，立即投入干拌水泥砂浆，以最快的速度填水泥砂浆，插锚筋，并根据需要加入经过试验的速凝剂（如水玻璃），以加快水泥砂浆凝固速度，及早形成强度，希望能截住渗水。锚筋埋设工艺流程如图5-17所示。

三、支座

（一）支座类别及布置

1. 支座类别

　　在水工混凝土建筑物中，用于支承钢结构构件的屋架、梁和混凝土预制梁、板的支座类别种类很多，其形式有柔性和刚性之分。而支座的结构却是多种多样，特别是刚性支座，应用范围较广。柔性支座指油毛毡垫层，它一般用于小构件、重量轻的构件的安装。

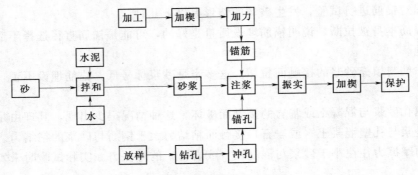

图 5-17　锚筋埋设工艺流程

刚性支座常用的结构有抹面坐浆支座、角钢支座、平面支座和弧面钢支座等 4 种，如图 5-18 所示。此外，还有专门要求而设置的支座，如系船柱支座等。

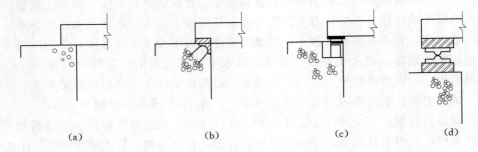

图 5-18　刚性支座常用的结构形式
(a) 抹面坐浆支座；(b) 角钢支座；(c) 平面支座；(d) 弧面钢支座

2. 支座结构形式的选择和质量要求

(1) 设计。用于梁安装的支座，主要作用是使梁放置平稳，必要时将上下支座焊接，加强梁的连接。对于公路梁和铁路梁的支座，则要求一端固定另一端活动，以利梁的伸缩位移，如图 5-19 (a) 所示。支座设计包括两个方面。第一是支座的承载能力和支座本身的稳定，第二是支座基础的抗剪强度。

以墩墙式牛腿上安装梁支座为例，其结构形式如图 5-19 所示。

图 5-19 (a)、(b) 所示两种结构，埋设施工有以下不足：钢板（或角钢）下混凝土不易密实，支座钢板易翘曲，安装效率低，不安全。经过对混凝土墩顶范围内局部挤压应力和主拉应力验算，在墩顶混凝土增加构造钢筋，如图 5-19 (c) 所示，并在混凝土浇

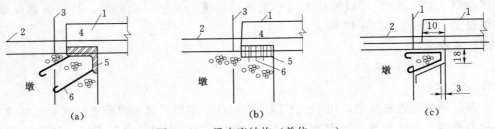

图 5-19　梁支座结构（单位：cm）
1—梁；2—梁上结构；3—结构钢筋；4—上支座；5—下支座；6—锚筋

筑完毕，支座范围内抹平，这样可以省去上、下支座的安装，实践证明这种支座结构质量易于保证，施工简便。

分有上、下的支座，上支座一般先焊固于梁上或预制时埋入梁的混凝土内，而下支座要在混凝土墩墙顶面安装，其位置、高度要就上支座进行调整，直至满足设计要求。

（2）质量要求。梁支座的安装误差一般控制标准：支座面的平整度允许误差 0.2mm；两端支座高差允许 5mm；平面位置误差 10mm。从这几项允许误差标准看出，对梁支座安装的突出要求是支座平、稳，位置准确。当支座面板面积大于 25cm×25cm，应在支座板上均匀布置 2～6 个排气（水）孔，孔径 20mm 左右，此孔应事先钻好，不应在现场用氧气烧割，否则"焊镏子"不易清除。

（二）支座安装埋设

1. 支座加工

钢支座加工一直采用手工电弧焊把钢板和 U 形锚筋焊成 Π 形，但实际加工大多做成 U 形，也有平焊和 L 焊的，如图 5-20 所示。这种结构形式加工速度慢，焊接质量不易保证。试验研究表明，这种支座结构因锚筋冷弯变脆，焊后极易断裂，而且锚筋冷弯角度越大，其承载能力下降越多。

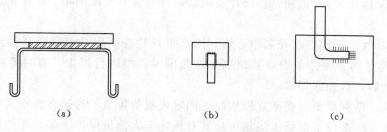

图 5-20　支座锚筋焊接形式（1）
（a）Π 形钢筋焊接形式；（b）平行钢筋焊接形式；（c）L 形钢筋焊接形式

采用如图 5-21 所示的两种形式，顶焊或铆塞焊，经过比较，采用后者质量最好，当然加工要求比较高。

此外，建工部门采用接触埋弧焊加工钢支座和预埋铁件，不但效率高而且质量稳定。接触埋弧焊的焊接设备、焊接工艺参数详见有关规定。

在焊接钢板支座板时，要防止钢板变形，必须采取使钢板受热均匀和充分冷却两项措施，否则支座面翘曲，这种问题在安装现场是很难处理的。所谓受热均匀，就是在焊固锚筋时，要间隔施焊避免热量集中，增加焊接变形。所谓充分冷却，就是在支座加工时，应流水作业并采取适当的降温措施。实践证明，这是避免支座面板翘曲和变形的有效措施。

2. 安装埋设

为了保证支座的安装精度，减小施工干扰，支座的安装一般采用二期施工方法。当然对于安装精度要求不高、未设专门安装台口的支座仍应以一次埋设安装比较省时。

现以水工混凝土建筑物（坝、船闸、发电厂房等）上预制梁

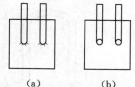

图 5-21　支座锚筋
焊接形式（2）
（a）顶焊；（b）铆塞焊

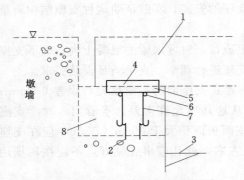

图 5-22　预制梁支座安装埋设程序

1—梁；2—插筋；3—安全网；4—上支座钢板；5—下支座钢板；6—下支座钢筋；7—行间定位钢筋；8—二期混凝土

支座埋设安装为例，叙述其工序（图 5-22）。

（1）准备工作。挂设安全网；凿毛（台面、侧面）；测量放样，在台口侧墙和上下游墙上测放高程、支座中心线、标出梁档距离等。

（2）安装。

1）焊接支架和导向定位钢筋。绷拉支座中心线，接高插筋，引用放样高程，在插筋上焊两根水平导向定位钢筋（钢筋顶面高程为设计安装高程减去支座钢板厚度）。两导向定位钢筋宽度要小于支座钢板宽度而大于支座上锚筋外缘距离。要求两根导向钢筋用水平尺控制在同一高程。

2）安放支座、定位。把支座放在导向钢筋上，先以支座中心线确定位置后调整高程，再用水平尺在 3 个方向上检查支座面平整度。当高程、平面位置确定无误后，将支座与定位钢筋点焊定位。当支座面板低了或不平，则在钢板与定位钢筋间加垫薄铁板进行调整（一般调低的时候居多），直到符合设计要求后，将三者（支座面板、定位钢筋和垫铁）点焊牢固。

3）测量验收。用经纬仪控制中心线，用水平仪检查高程。支座面高程误差一般控制在 2mm，并尽量为正误差。当误差超过允许范围时，应进行返工，有时要反复多次调整直至全部合格后，再加固焊牢。

（3）浇筑二期混凝土。在架立模板时，固定模板的拉条不得连在支座和定位钢筋的任何部位，以防支座变位。混凝土浇筑中，要有预埋工人值班保护支座，振捣器等不得硬性碰撞支座，严格控制混凝土收仓高程低于支座版面 2～4mm，即使个别骨料也不得高出支座钢板面。在实际安装埋设中，由于采用了导向定位钢筋，大大提高了安装速度，提高了安装质量，一般都能一次验收合格。

四、吊环

（一）吊环设计

1. 吊环埋设形式

从图 5-23 中可以看出，吊环不同埋设形式是根据构件的结构尺寸，重量等决定的，不管采取哪一种埋设形式，最基本的应满足吊环埋入的锚固长度不小于 30 倍钢筋直径，

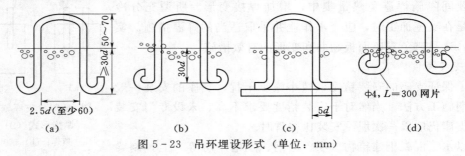

图 5-23　吊环埋设形式（单位：mm）

埋入深度不够时，可焊在受力钢筋上，锚固长度仍不小于 30 倍钢筋直径。

2. 吊环计算

钢筋吊环计算简图如图 5-24 所示，其公式见式 (5-4)。

$$A_g = \frac{KG10^4}{2nR_g\sin\alpha} \tag{5-4}$$

式中　A_g——一个吊环面积，cm^2；

　　　　G——构件自重，N；

　　　　K——安全系数，取 4~6；

　　　　R_g——Ⅰ级钢筋受拉设计强度，Pa；

　　　　n——吊环数，当 2 个吊环时取 2，当 4 个吊环时
　　　　　　取 3；

　　　　α——吊索与水平的夹角，一般为 45°。

如将以上数值代入公式可简化为（取 $K=4$）：

采用 2 个吊环时，$A_g = 6.01 \times 10^{-5} G = 1.47V$；

采用 4 个吊环时，$A_g = 4.01 \times 10^{-5} G = 0.98V$。

式中 V 为构件体积（m^3），混凝土容重取 24.5kN/m^3

常用吊环直径选择见表 5-5。

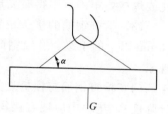

图 5-24　吊环计算

表 5-5　　　　　　　　　　　　　　　吊环直径选用表

吊环直径 (mm)	构件体积（m^3）		构件重量（9.8×10^3N）	
	2 个吊环	4 个吊环	2 个吊环	4 个吊环
6	0.19	0.29	0.48	0.73
8	0.34	0.52	0.86	1.29
10	0.53	0.80	1.34	2.00
12	0.77	1.15	1.92	2.87
14	1.05	1.57	2.62	3.93
16	1.37	2.04	3.42	5.11
18	1.73	2.6	4.32	6.49
20	2.14	3.21	5.35	8.02
22	2.59	3.88	6.47	9.70
25	3.34	5.00	8.35	12.50
28	4.19	6.28	10.48	15.70
32	5.47	8.20	13.70	20.05

（二）吊环埋设要求

（1）吊环采用Ⅰ级钢筋，端部加弯钩，不得使用冷处理钢筋，且尽量不用含碳量较多的钢筋。吊环埋入部分表面不得有油污、赃物和浮锈（水锈除外）。吊环应居构件中间埋入，并不得歪斜。

（2）露出之环圈不宜太高太矮，以保证卡环装拆方便为度，一般高度 15cm 左右或按

设计要求外留。

（3）构件起吊强度应满足规范要求，否则不得使用吊环，在混凝土浇筑中和浇筑后凝固过程中，不得晃动或使吊环受力。

第五节　钢筋绑扎安装完毕后的检查验收

（1）受力钢筋的级别、直径、根数，安装的位置、间距、保护层厚度及各部分钢筋的尺寸、形状等均应符合设计图纸及相关规范规定，特别要注意检查负矩筋的位置。

（2）现场绑扎或焊接的钢筋网，其钢筋交叉点的绑扎或焊接，应按设计规定执行。绑扎或焊接要牢固，不得有变形、松扣和漏焊的现象。

（3）检查钢筋的接头位置及搭接长度是否符合规定。钢筋网中交叉点：对于直径在16mm 以上的Ⅰ级、Ⅱ级钢筋，可用手工电弧焊点焊来代替绑扎，并检查有无咬边和开裂现象。

（4）检查钢筋与模板之间是否设置数量足够的混凝土垫块（垫块强度不低于混凝土设计强度）。垫块中应埋有铁丝与钢筋扎紧，垫块放置应互相错开分散布置。

（5）钢筋安装应有足够的刚度和稳定性。在混凝土浇筑过程中，应经常检查钢筋安装位置是否发生错动与变形，如有变形应及时矫正。

检查钢筋表面是否清洁（有无铁锈、砂浆、油污等），并清扫仓面渣子杂物。

（6）钢筋绑扎安装完毕之后，在浇筑混凝土之前，按照设计图纸进行详细检查验收，并做好记录。对检查后的安装现场应加以保护，防止发生错动和变形。

（7）钢筋安装的允许偏差应符合表 5-6 的规定。

表 5-6　　　　　　　　　钢筋安装位置的允许偏差和检验方法表

项　　目			允许偏差（mm）	检　验　方　法
绑扎钢筋网	长、宽		±10	钢尺检查
	网眼尺寸		±20	钢尺量连接三档，取量大值
绑扎钢筋骨架	长		±10	钢尺检查
	宽、高		±5	钢尺检查
受力钢筋	间距		±10	钢尺量两端，中间各一点，取量大值
	排距		±5	
	保护层厚度	基础	±10	钢尺检查
		柱、梁	±5	钢尺检查
		板、墙、壳	±3	钢尺检查
绑扎箍筋、横向钢筋间距			±20	钢尺量连接三档，取量大值
钢筋弯起点钢筋			20	钢尺检查
预埋件	中心线位置		5	钢尺检查
	水平高差		±3	钢尺和塞尺检查

第六节　钢筋绑扎安装的安全技术要求

钢筋绑扎安装，尤其是在高空进行钢筋绑扎作业时，应特别注意安全，除遵守高空作业的安全规程外，还要注意以下几点。

（1）应佩戴好安全护具，注意力集中，站稳后再操作，上、下和左、右应随时关照，减少相互之间的干扰。

（2）在高空作业时，临时放置的钢筋必须安放稳，注意钢筋掉落伤人，传递钢筋应防止钢筋掉下伤人，在绑扎梁、柱部位钢筋时，应待绑扎或焊接牢固后，方可上人操作。

（3）在高空绑扎和安装钢筋时，不要把钢筋集中堆放在模板或脚手架的某一部位，以保安全，特别是在悬臂结构上，更应随时检查支撑是否稳固可靠，安全设施是否牢靠，并要防止工具、短钢筋掉下来伤人。

（4）不要在脚手架上随便放置工具、箍筋或短钢筋，避免放置不稳下落伤人。

应尽量避免在高空修整、扳弯粗钢筋，若必须操作时，要系好安全带，选好位置，人要站稳，防止脱手伤人。

（5）安装钢筋时不要触碰电线，避免发生触电事故。在雷雨时，必须停止露天安装钢筋作业，防止雷击钢筋伤人。

（6）起吊钢筋骨架时，下方禁止站人，待骨架降落至距安装高层 1m 以内才准靠近，就位支撑好后，才能摘钩。

（7）在高空、深坑绑扎钢筋和安装骨架，应搭设脚手架和马道。绑扎 3m 以上的柱子钢筋应搭设操作平台，已绑扎的柱骨架应采用临时支撑拉牢，以防倾倒。绑扎圈梁、挑梁、外墙、边柱钢筋时，应搭设脚手架或悬挑架，并按规定挂好安全网。

第七节　钢筋绑扎与安装操作的技能实践实训

一、某梁的钢筋绑扎与安装实训

（一）训练内容

某 L_1 梁的配筋如图 5-25、图 5-26 所示，假设该梁的各钢筋已按配料单（表 2-6）加工制作完成，已达到加工质量要求，且随各钢筋配料牌一起运到安装绑扎地点。要求学生按绑扎与安装的技能要求进行该梁的钢筋绑扎训练。

（二）准备要求

（1）材料：各号钢筋已运到安装地点，扎丝足量。

（2）设备：搭建绑扎架的钢管足量。

（3）工具：绑扎钩、小撬杠、钢卷尺、粉笔及铁钉。

（三）训练要求

个人独立完成该梁的钢筋骨架绑扎制作。

（四）质量标准

（1）钢筋的混凝土保护层必须符合要求。

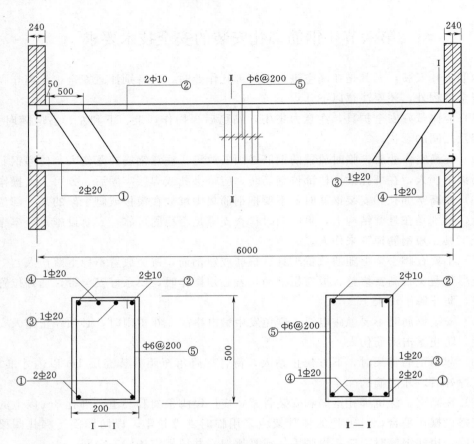

图 5-25　某 L_1 梁的配筋图（单位：mm）

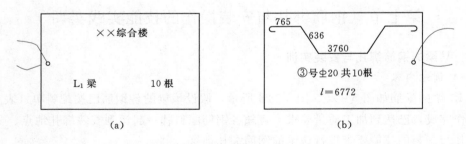

图 5-26　钢筋料牌（单位：mm）

（a）正面；（b）反面

（2）钢筋的交叉点应绑扎牢固。

（3）钢筋的级别、直径、形状、尺寸、箍筋间距应符合设计图纸。

（4）钢筋安装的允许偏差符合规定。

（五）操作程序

（1）搭建绑扎支架。

（2）长钢筋清理安装就位，分画出箍筋的间距。

（3）先在两端部、中间各用一个箍筋临时固定各主筋的位置。

（4）正式绑扎，箍筋的接头交错布置在两根架立筋上。箍筋加密区长度间距按设计要求。

（六）质量自检和老师专检

（1）对照质量标准，学生对所完成的产品进行自检，有问题的应及时加以修正。

（2）实习指导老师进行质量专检，填写成绩评定表。

（七）注意事项

（1）正确执行安全技术操作规程。

（2）做好安全和劳动保护工作，避免出现工伤事故。

（3）文明施工，做到工作地整洁，工件、工具摆放整齐。

二、某牛腿柱钢筋绑扎与安装实训

（一）训练内容

某牛腿柱的配筋如图5-27所示，假设该柱的各钢筋已按配料单加工制作完成，已达到加工质量要求，且随各钢筋配料牌一起运到安装绑扎地点。要求学生按绑扎与安装的技能要求进行该柱的钢筋绑扎训练。

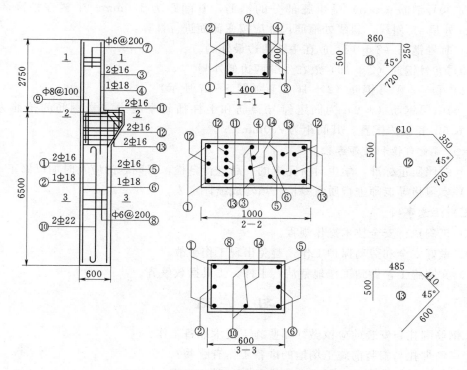

图5-27　牛腿配筋图

（二）准备要求

（1）材料：各号钢筋已运到安装地点，扎丝足量。

（2）设备：搭建绑扎架的钢管足量。

（3）工具：绑扎钩、小撬杠、钢卷尺、粉笔及铁钉。

（三）训练要求

个人独立完成该柱的钢筋骨架绑扎制作。

（四）质量标准

（1）钢筋的混凝土保护层必须符合要求。

（2）钢筋的交叉点应绑扎牢固。

（3）钢筋的级别、直径、形状、尺寸、箍筋间距应符合设计图纸。

（4）钢筋安装的允许偏差符合规定。

（五）操作程序

（1）①号钢筋是两根Ⅱ级钢筋，放在柱外侧的两个角上。

（2）②号钢筋为一根Ⅱ级钢筋，放在柱外侧的中间。

（3）③号钢筋放在上段柱内侧的两个角上，（2 Φ 16）长度从牛腿底部到柱顶。

（4）④号钢筋（1 Φ 18）放在上段柱内侧中间，长度同③号筋。

（5）⑤号钢筋（2 Φ 16）放在下段柱内侧的两个角中，长度从柱底到牛腿顶。

（6）⑥号钢筋（1 Φ 18）放在下段柱内侧中间，长度从柱底到牛腿顶。

（7）⑦号、⑧号钢筋（Φ 6）分别是上段柱与下段柱的箍筋，其间距为 200mm。

（8）⑨号钢筋（Φ 8）是牛腿部分的箍筋，其间距为 100mm。牛腿在柱高 4.55～4.95mm 处呈 45°斜线，斜线处箍筋尺寸应按变截面进行计算。

（9）⑩号钢筋（2 Φ 12）放在牛腿两边最外侧。

（10）⑪号钢筋（2 Φ 16）放在牛腿两边最外侧。

（11）⑫号、⑬号钢筋（2 Φ 16 位置如图 5 - 27 所示）。

（12）⑭号钢筋（Φ 6）为固定⑩号腰筋和上柱插到牛腿中③号钢筋的拉筋为"S"形，在 6.5m 长度内配置，其间距为 200mm。

（六）质量自检和老师专检

（1）对照质量标准，学生对所完成的产品进行自检，有问题的应及时加以修正。

（2）实习指导老师进行质量专检，填写成绩评定表。

（七）注意事项

（1）正确执行安全技术操作规程。

（2）做好安全和劳动保护工作，避免出现工伤事故。

（3）文明施工，做到工作地整洁，工件、工具摆放整齐。

习　　题

1. 钢筋绑扎与安装前应该做好哪些施工技术准备工作？
2. 钢筋绑扎与安装前施工场地的准备工作有哪些？
3. 钢筋绑扎与安装前材料和机具准备包括哪些内容？
4. 钢筋绑扎的常用工具有哪些？各有哪些作用？
5. 钢筋绑扎接头时，应符合哪些规定？
6. 钢筋绑扎的操作方法？
7. 钢筋绑扎的质量要求有哪些？

8. 独立基础钢筋绑扎安装的顺序步骤有哪些？

9. 柱子钢筋绑扎安装的顺序步骤有哪些？

10. 现浇梁钢筋绑扎安装的顺序步骤有哪些？

11. 钢筋绑扎注意事项有哪些？

12. 钢筋安装注意事项有哪些？

13. 钢筋绑扎安装完毕后检查验收的内容有哪些？

14. 钢筋安装的安全技术要求有哪些？

15. 钢筋绑扎安装后应按什么程序进行验收？

16. 水工混凝土的预埋铁件有哪些种类？

17. 预埋铁件的基本要求是什么？

18. 地脚螺栓的埋设常用哪几种方法？

19. 支座的安装与埋设有哪些方法？

20. 吊环埋入的锚固长度如何确定？

21. 吊环埋设应满足哪些要求？

第六章 钢筋施工班组管理

第一节 钢筋施工班组管理的基本知识

一、加强班组管理的意义

对于施工企业来说，班组是最基本的生产单位，企业生产任务的完成，最终都要落实到班组。班组管理得好，就能提高其组员的劳动积极性和生产技能，从而提高整个班组的劳动效果和效率，有助于各项目的的顺利完成。对一项具体工程来说，钢筋是隐蔽工程，钢筋施工班组的管理水平高低，直接影响到施工质量、施工进度、钢材的节约与返工浪费，或影响模板工程、混凝土工程的施工的顺利进行。

二、组建班组的原则

根据不同工程的特点和工程量大小、施工环境条件，可组织不同的施工班组形式。通常有专业班组、混合班组、项目小组 3 种形式。其中专业班组是按施工工艺要求由单独的专业工种组成，并根据施工需要配备一定数量的辅助工种。这种班组形式适合于大型钢筋混凝土工程，钢筋工程量大，工期较长的情况。

混合班组是根据施工工艺要求由两个及以上工种组成，它可以完成某些分部分项工程。它适合于中小型钢筋混凝土工程。

机动混合小分队不是固定的班组，而是根据需要为独立完成某一施工任务临时组建起来的小分队，任务完成后就回原班组工作。

不论组建什么样的班组，班组长是班组工作的组织者、领导者和执行者。因此要求他不但具有相应的组织领导能力，还应该是职工队伍中技术比较全面的，责任心强的同志来担任。

组建班组的基本原则有以下几点。

(1) 班组的组建应根据工程施工的特点、建筑物性质、结构特点、技术复杂程度、工程量大小等情况分别采取不同的班组形式，并随施工技术水平的发展，施工工艺的改进，施工机具的革新和工艺技术水平的提高来及时调整。

(2) 班组的组建要使工人相对稳定，技术力量搭配合理，便于骨干力量和一般力量、技术工人和普通工人、高级工和初级工密切配合，有利于保证安全、工程质量和提高劳动生产率。要能充分发挥工人在生产中的主动性、积极性，工种与工种之间，工序与工序之间的协作配合。

(3) 班组的建立还要考虑发挥非正式组织的积极作用，因时因地科学、合理地进行组合。

三、班组管理的基本内容

(1) 根据承担的工程施工作业任务，有效地组织施工生产，制定安全措施方案，保证按质按量按期全面均衡地完成任务。

(2) 坚持实行和不断完善以提高工程质量，降低各种消耗为目的的多种形式的经济承包责任制和各种管理制度，抓好安全生产和文明施工，积极推行现代化管理方法和手段，不断提高班组管理水平。

(3) 大力开展技术革新，技术练兵和合理化建议活动，努力培养"多面手"和能工巧匠。

(4) 加强精神文明建设，搞好互帮互助，形成有益于身心健康的文体活动，造成一个相互信任，心情舒畅，相互尊重，团结互助的良好环境。

四、班组质量管理的主要任务

工程质量是施工企业经营管理核心，是企业各项管理工作好或差的综合反映，也是企业的生产力。钢筋班组的工作质量好坏，直接影响后道工序，由于钢筋工程是隐蔽工程，轻者可以造成返工浪费，重者形成质量隐患，影响整个分部工程或单位工程施工质量。因此钢筋班组在施工过程的质量管理工作必须完成如下主要任务。

(1) 坚持"百年大计、质量第一"的方针，贯彻"谁施工，谁负责工程质量"的原则。严格按图施工，认真执行国家、行业和地方、企业的技术标准、规范和操作规程，严格执行国家、部门和本企业的质量管理制度，严格按照各项技术操作规定进行操作，坚持做到边施工，边自检、互检，边改正，确保工程质量符合设计与标准要求。以自己的工作质量来保证所承担的过程质量。

(2) 坚持钢材进场验收制度，确认合格的钢材才能使用，保护好原材料、半成品和成品不损坏、不污染、不丢失。严格执行上、下工序交接检查验收制度。做到本工序质量不合格不交工，上道工序不符合要求不进行下一道工序的施工。保证每道工序达到标准。每道工序（或分项工程）完工后，进行质量的"三检"（自检、互检、交接检），并按国家颁发的《建筑安装工程质量检验评定标准》（GB/T 301—88）中的有关规定进行全面检查，并如实填写质量自检记录，送交质量专职检查人员复查和鉴证，评定质量等级。

五、钢筋班组安全管理

为保证建安工人在施工生产过程中的安全，贯彻生产必须安全、安全才能生产的指导方针，在现在为生产班长创造一个安全文明的作业生产环境是十分重要的。

(1) 建立一套完整实用的安全保障体系，成立以项目经理、施工队长、安全员、安监、材料、公安等人员组成的安全领导小组，行使安全监察职能，认真落实各项安全措施，及时清除安全隐患。

(2) 加强安全操作知识的教育，安全操作知识，是在长期的工程实践中总结出来的无价之宝，一旦被工人学习掌握运用，就是防止伤人事故，保障安全生产的宝贵财富。作为钢筋班组的班组长在指挥生产的同时，还要管理好工人安全，并在施工前对班组工人进行安全教育和安全技术交底，以安全促生产，生产保安全，对违章施工坚决制止，不能迁就，要按安全措施和规程组织施工。

(3) 对参加钢筋工程施工的特殊工种，特殊作业的生产班组工人要进行教育培训，体格检查，合格后才能参加施工生产。

第二节   钢筋施工班组的生产管理

一、钢材工料计算

（一）钢筋用料计算

1. 计算依据

（1）建筑结构施工图及施工说明书，材料消耗定额。

（2）结构施工图中的构件配筋图和配筋表。

（3）施工组织设计。

（4）设计变更通知书。

（5）工程量计算规则和方法。

2. 计算方法

先计算各种规格型号钢筋的下料长度和质量，然后加上损耗量，即为该工程的钢筋用料计划。其计算公式为：

$$钢筋需用量 = 施工图钢筋净用量 \times (1 + 损耗率)$$

因钢筋的密度是 $\rho = 7850 \text{kg/m}^3$，所以长度为 L 的钢筋重量是：

$$W = \pi/4 d^2 \times 1 \times \rho \times L = 0.006165 d^2 L$$

式中 W——钢筋重量，kg；

　　　　d——某种钢筋的直径，mm；

　　　　L——该种钢筋的总长度，m。

加工钢筋的损率见表 6-1，钢筋重量见表 6-2。

表 6-1   加工钢筋的损耗率

项目	盘条直径（mm）		直条钢筋直径（mm）			预应力钢筋加工（mm）	
	≤5	6～12	10～16	18～25	≥25	先张法	后张法
损耗（%）	0.5	1	1.5	3	5	8	12
消耗量系数	1.005	1.01	1.015	1.031	1.051	1.087	1.136

表 6-2   钢　筋　重　量   单位：kg

钢筋直径（mm）	钢筋长度（m）								
	1	2	3	4	5	6	7	8	9
4	0.099	0.197	0.296	0.395	0.493	0.592	0.69	0.789	0.888
5	0.154	0.308	0.462	0.617	0.771	0.925	1.079	1.233	1.387
5.5	0.186	0.373	0.499	0.746	0.932	1.119	1.305	1.492	1.678
6	0.222	0.444	0.666	0.888	1.11	1.332	1.554	1.776	1.997
6.5	0.26	0.521	0.781	1.042	1.302	1.563	1.823	2.08	2.34
7	0.302	0.604	0.906	1.208	1.51	1.813	2.11	2.42	2.72

续表

钢筋直径	钢筋长度（m）								
（mm）	1	2	3	4	5	6	7	8	9
8	0.395	0.789	1.184	1.578	1.973	2.37	2.76	3.16	3.55
9	0.499	0.999	1.498	1.997	2.5	3	3.5	3.99	4.49
10	0.617	1.233	1.85	2.47	3.08	3.7	4.32	4.93	5.55
11	0.746	1.492	2.24	2.98	3.73	4.48	5.22	5.97	6.71
12	0.888	1.776	2.66	3.55	4.44	5.33	6.21	7.1	7.99
13	1.042	2.08	3.13	4.17	5.21	6.25	7.29	8.34	9.38
14	1.208	2.42	3.63	4.83	6.04	7.25	8.46	9.67	10.88
16	1.578	3.16	4.73	6.31	7.89	9.47	11.05	12.63	14.2
18	1.997	3.99	5.99	7.99	9.99	11.98	13.98	15.98	17.98
20	2.47	4.93	7.4	9.86	12.33	14.8	17.26	19.73	22.2
22	2.98	5.97	8.95	11.94	14.92	17.9	20.9	23.9	26.9
25	3.85	7.71	11.56	15.41	19.27	23.1	27	30.8	34.7
28	4.83	9.67	14.5	19.33	24.2	29	33.8	38.7	43.5
32	6.31	12.63	18.94	25.3	31.6	37.9	44.2	50.5	56.8
36	7.99	15.98	24	32	39.9	47.9	55.9	63.9	71.9
40	9.86	19.73	29.6	39.5	49.3	59.2	69	78.9	88.8

当钢筋长度超过 9m，可以按相应 10 倍、100 倍等从表 6-2 中取值，再进行累加。如果钢筋长度不足 1m，查表所得数值就按相应值。

例如，求长度为 234.56m、直径为 28mm 的钢筋重量。查表 6-2 得

$$9.67 \times 100 + 14.5 \times 10 + 19.33 + 24.2 \times 0.1 + 29 \times 0.01 = 1150.96(kg)$$

钢筋绑扎用的 20 号铁丝按每吨钢筋用 5kg 计算。

钢筋搭接焊接头电焊条用量见表 6-3。

表 6-3　　　　　　　　钢筋搭接焊接头电焊条用量表　　　　　　　单位：kg/t

钢筋级别	钢筋直径（mm）											
	12	14	16	18	20	22	25	28	30	32	36	38
Ⅰ	0.029	0.039	0.051	0.065	0.072	0.088	0.120	0.179	0.204	0.230	0.315	0.400
Ⅱ	0.036	0.049	0.064	0.081	0.090	0.110	0.150	0.224	0.226	0.228	0.361	0.494

（二）用工计算

计算依据：《水利水电工程劳动定额》以及各省市现行的劳动定额。

计算方法：

$$某工序的用工量 = 该工序的工程量 \div 产量定额$$

$$某工序的用工量 = 该工序的工程量 \times 时间定额$$

二、钢筋工程的施工组织

钢筋工程施工前，必须根据整体工程施工组织设计的要求，编制钢筋加工的实施计划。实施计划应按流水作业法组织施工，即将施工对象划分为若干个施工段，组织若干个作业小组，按照工程的整体施工顺序，从一个施工段均衡地转移到另一个施工段施工。

1. 计划准备阶段

（1）熟悉和审查设计图纸和技术资料。有问题的地方采用书面形式向设计单位提出，设计单位应作明确答复，并形成文件作为施工的依据。

（2）确定施工方案。一般根据结构特点、工程量大小、工期长短、材料的供应和现场环境等因素确定钢筋加工、运输、绑扎和安装的方法，并绘出施工过程的流程图。

（3）提出配料单。配料单中应明确地表示出钢筋的级别、直径、下料长度、弯折点位置、弯折角度、弯折点曲率半径、弯钩型式、接头位置等，必要时辅以钢筋大样图，以满足工程施工的需要。

（4）计算工程量。根据施工图纸和配料单计算各分段钢筋的工程量，据此计算用工量。

（5）编好工程进度计划。首先由分层、分段计算出工程量，套用定额计算出用工数，然后按照总进度要求，结合模板工程和混凝土工程的进度计划，编制出钢筋工程分段施工计划，并提出钢筋及辅助材料的进场计划。

2. 施工准备阶段

施工准备工作的好坏，直接影响作业计划的完成，这也是班组管理水平的直接反映。施工准备工作的主要内容有：

（1）施工前的技术交底。当班组接到施工任务后；首先应组织班组成员学习熟悉图纸、资料的内容与要求，研究工艺流程、结构形状、细部结构、主要尺寸和坐标、标高，了解工程的主要材料、材质和技术标准、质量要求等情况。然后班组长向操作者进行书面交底或口头交底。

（2）现场准备。主要是清理作业场地，并查看空中是否有架空管线或其他临时设施，是否会对钢筋施工造成影响等。另外，现场的工作面是否足够，如果是机械吊放钢筋网（架），还应考虑起重机的位置和吊放方案。对施工道路、材料堆场等能否满足施工要求，还应做哪些修改和补充等问题都应尽快解决并落实。不能单独解决的，要向上级反映，争取上级协调解决。

（3）物资准备。包括需要的各种规格和数量的钢筋、辅助材料及施工设备，钢筋应按各类别不同直径的情况分开堆放，材料进场后，应按图纸中要求的材质、质量标准、品种、规格及数量等组织验收，并做好记录，以便于日后进行班组经济核算。所缺材料及时向上级反映，以便争取尽快解决。

3. 施工阶段

钢筋施工过程中，应对施工过程进行全面质量管理，针对工程的特点和部位，详细检查复核结构或构件的轴线和标高、几何尺寸、表面平整度和垂直度，钢筋的型号、规格、位置、数量，钢筋的弯钩和接头，焊接是否符合设计与施工验收规格的要求。

在混凝土浇筑过程中，应派人协助，密切观察钢筋的绑扣、保护层厚度、预埋件位置等有无异常，如发现问题应及时处理。严禁为方便浇筑混凝土而擅自移动或割除钢筋。

4. 质量检验阶段

钢筋安装完毕，应按照《水工混凝土施工规范》的要求对钢筋的安装、绑扎施工进行自检、互检、交接检（合称三检）。在三检合格的基础上填写隐蔽工程验收合格证，并按钢筋工程质量要求评定质量等级。

三、钢筋工程的施工计划

（一）计划内容

每个施工作业计划主要标明施工项目、工程部位和主要的实物工程量，以及完成施工任务所需的材料、机具和劳动力的数量。

（二）编制方法

（1）做好现场调查，明确钢筋的绑扎日期、技术资料和施工准备情况、机具和材料的进场情况。

（2）根据现场调查情况，结合项目的总进度要求提出钢筋工程施工作业计划初稿供大家讨论。

（3）通过讨论，使班组和个人心中有底，并完善计划编制的不足。

使用横道计划图或网络计划图编制班组作业进度计划。

为了使作业计划更为准确，还需要编制旬作业计划表（表6-4）。

表6-4　　　　　　　　　　旬 作 业 计 划 表

单位工程	分项工程	工程量	时间定额	生产班组	分日进度									
					1	2	3	4	5	6	7	8	9	10

（4）提出各项材料、机具、劳动力等的需用量计划，其形式见表6-5～表6-9。

表6-5　　　　　　　　　　某工程材料需用量计划

序号	材料名称	规格	需用量		需用时间								
			单位	数量	年　月			年　月			年　月		
					上旬	中旬	下旬	上旬	中旬	下旬	上旬	中旬	下旬

表 6 - 6 　　　　　　　　　　　某工程半成品需用量计划

序号	半成品名称及型号	图号及加工单	规格	单位	数量	供应日期

表 6 - 7 　　　　　　　　　　　某工程机械设备需用量计划

序号	机具名称	规格型号	单位	数量	使用起止时间

表 6 - 8 　　　　　　　　　　　某工程劳动力需用量计划

序号	工种名称	技术等级	工日数量	需用人数及时间								
				年　月			年　月			年　月		
				上旬	中旬	下旬	上旬	中旬	下旬	上旬	中旬	下旬

表 6 - 9 　　　　　　　　　　　某工程架设工具需用量计划

序号	名称	规格型号	单位	数量	使用起止时间	备注

（三）施工作业计划的执行和控制

由于现场施工条件涉及的范围很广，所以按已经编制好的施工作业计划去施工有时会出现各种偏差。为此，一方面要加强计划的跟踪控制；另一方面遇到有偏差时要及时调整。

现场一般用碰头会或调度会的方式，针对偏差，分析原因，研究对策，制定措施，保证计划按预定的目标实现。

习　　题

1. 为什么要加强钢筋施工班组的管理？
2. 组建钢筋施工班组的基本原则是什么？
3. 简述钢筋班组管理的基本内容。
4. 如何做好钢筋班组的安全管理？
5. 如何编制钢筋工程的施工计划？

参 考 文 献

[1]　孙仕英．坝工钢筋工．郑州：黄河水利出版社，1996．
[2]　任世贤．钢筋工（初级）．北京：机械工业出版社，2006．
[3]　冷涛，王美生，李雪娇，等．施工实训．北京：中国水利水电出版社，2005．
[4]　侯君伟．钢筋工手册．北京：中国建筑工业出版社，2009．
[5]　李永生．钢筋工．北京：机械工业出版社，2007．
[6]　建设部人事教育司．钢筋工．北京：中国建筑工业出版社，2007．
[7]　SL 191—2008 水工混凝土结构设计规范．北京：中国水利水电出版社，2009．
[8]　DL/T 5169—2002 水工混凝土钢筋施工规范．北京：中国电力出版社，2003．
[9]　翟义勇．钢筋工长实用技术手册．北京：中国电力出版社，2008．
[10]　赵永安．钢筋工程手册．太原：山西科学技术出版社，2005．
[11]　涂兴怀．工种施工实习实训．北京：中国水利水电出版社，2003．